想いはこうして紡がれる

「古着を燃やさないまち」を実現した
33年の市民活動を通して伝えたいこと

ザ・ピープル前理事長
ふくしまオーガニックコットン
プロジェクト代表理事
吉田恵美子
Emiko Yoshida

英治出版

はじめに　社会の変化は、ひとりの市民から始まる

福島県いわき市。人口約32万人（令和6年4月1日現在）のこの地方都市が、「古着を燃やさないまち」と呼ばれているのをご存じでしょうか。

市役所、銀行、スーパーといった市内13か所に置かれた回収ボックスで衣類を回収。年間250トンを超える古着を、有償のボランティアスタッフで選別、古着の販売からさまざまな用途でのリサイクルまで、さまざまな「出口」をつくることで、回収品のリサイクル率は90％近くを達成しています。

全国で廃棄される衣類のリサイクル・リユース率は34・1％（国民生活センター発行『国民生活』2021年4月）ですので、いわき市民の衣類リサイクルの意識がどれだけ高いか、わかっていただけるかと思います。

このように申し上げると、決まって言われることがあります。

「いわきでは、どんな施策で成功したんですか？」

多くの場合、ごみ回収のような市民全体を巻き込む施策は、行政主導の、トップダウンで行われると思われがちです。

しかし、いわきで起こった市民の意識変容、そして社会にリサイクルの仕組みが行き渡るまでの変化は、たった数名のボランティアサークルから始まりました。そして、30年という長い時間をかけて一歩ずつ歩んでいった先で、「古着を燃やさないまち」へとたどりついたのです。

＊

はじめまして。吉田恵美子と申します。

ボランティアサークルとして１９９０年に生まれ、現在は特定非営利活動法人として活動している「ザ・ピープル」の立ち上げメンバーのひとりで、２０００年から２０２３年まで理事長を務めていました。現在は、そこから派生した一般社団法人「ふくしまオーガニックコットンプロジェクト」の代表理事を務め、繊維産業の起点であるコットン栽培を、有機農法で実現することに挑戦しています。

気づけば、市民活動の現場に立って、２０２３年12月で丸33年。人生の約半分の年数をその活動現場に身を置いてきたことになります。

この間、バブル崩壊から金融危機、東日本大震災、コロナ禍と、さまざまな時代の荒波にもまれながら、活動を継続してきました。特に東日本大震災では、いわきも自然災害と原発事故という人為的災害の両方に見舞われた世界初の複合災害の被災地となり、コミュニティの分断、そして再生までを経験しました。周囲からの理解を得られずに悩むこともありましたし、組織内でぶつかり合うこともありました。

こうした経験の一つひとつが、私という人間をつくり上げ、ザ・ピープルという組織の今ある姿をつくり上げてきました。この過程で、私自身が、この組織が願ってきたことは何なのか。それは、

「地域を、住民自身の手でよりよいものに、より住みやすいものにしていく。その過程の一部をこの組織が担っていきたい」

ということでした。

ザ・ピープルが力をつけて拡大していくことを目指していたわけではありません。まし

てやコミュニティビジネスの主体として起業家たることを目指していたわけでもありません。とはいえ、古着リサイクル事業のために地域企業や公共施設をも巻き込んできた経緯もあることから、社会的責任を果たせるだけの組織として生き残りたいという想いは持ち続けてきました。

そして、東日本大震災という体験があって、組織としての想いは、「福島再生・復興という大きな地域課題を、自分たちなりの手法で少しでも解決の道筋に乗せていきたい。その動きを一歩でも前に進めたい」という想いに変容していきました。

＊

いつしか福島全体のことも見据えるようになったザ・ピープル。我ながら遠くまで来たものだと思いますが、決して忘れてはならないと自分に言い聞かせていることがあります。

それは、変化の担い手は、決して「すごい人」だけではないということ。

「家の前の道路を通る車のスピード、もう少しゆっくりになったらな」

「子どもが、何の目的もなしにゆっくりできる場所、まちにあればいいのに」

「このごみ、本当に『燃やせるごみ』でいいの？」


何かおかしい。

でも、自分にできることなんて――。


道路も、児童館も、ごみも、大きな社会が決めること。

自分が何かを変える手立てはおろか、変えられるという実感も湧かない、というのが多くの方の実情でしょう。


実際、33年前の私自身が、そうでした。

「母親が働きに出るなんて恥ずかしい」と言われるがまま専業主婦となり、市民活動を始めたら今度は「そんなことをやっても何も変わらない！」と言われる。

社会問題に挑むどころか、まるで自分という存在は社会のなかに存在しないかのような感覚に陥っていました。

ところが、その疎外感を振り払いたくて、わらにもすがるような思いでいわき市主催の海外派遣事業に応募したことで、小さな、本当に小さな一歩を踏み出すことができました。そこで初めてボランティアというものを知り、ごみ問題を知り、自分のなかの小さな違和感が形になっていきました。自分なんて社会にとって何も価値がないとすら思っていた私が、ザ・ピープルというＮＰＯの活動にのめり込み、２０００年からは理事長を務め、「古着」をごみとして燃やさずに循環させるという社会的事業へと邁進していくことになったのです。

まだリサイクルという言葉すら定着していなかった１９９０年代にスタートした古着回収は、当初は役所からも市民からも冷たい目で見られていました。しかし現在、いわき市で古着といえばザ・ピープルのボックスに入れる、というのが当たり前となるまでになりました。回収品のリサイクル率は90％に迫り、県内外からの視察も絶えません。かつて「何も変わらない」と言った義父も、「人それぞれ生きる道があり、お前にとっての道はどうもピープルらしいから、そのまま進め！」と言ってくれるようになりました。

市民一人ひとりの違和感から始まった取り組みが、まちを、地域を、社会を動かし、変容へと導いてくれたのでした。

＊

この本を書くことで、読んでくださっている「あなた」に、私は何が伝えられるだろうか、考えました。

たとえば、社会を変える方法、などというだいそれたことは、私にはお伝えできません。常に苦しみ、手探りの挑戦でした。

今とは社会情勢も問題解決の方法論も違うでしょう。ボランティアやＮＰＯに向けられる目は今とは異なっていましたし、取れる手段も限られていました。

ですが、ボランティアという言葉がようやく聞かれ始めた１９９０年から、震災と復興も経験し、33年間続けてきた私の活動の軌跡、そこに込めた想いを伝えることで、たったひとりの市民が抱いた違和感や疑問から社会は変えていけるということは、はっきりと言えます。そして、そうした課題に立ち向かう力を、自らの内でいかに育《はぐく》んでいくか、ということも。

市民一人ひとり、すなわちこれをいま読んでいるあなたが、身の回りの小さな違和感に向き合い、小さな一歩を踏み出すきっかけになり、今モヤモヤを抱えている「あなた」の背中を押すことにつながれば、それに勝る喜びはありません。

吉田恵美子

想いはこうして紡がれる　目次

2 一人ひとりの「葛藤」を尊重し、対話でつなぐ

震災、そしてその後の分断をいかに乗り越えたか

4

これから一歩を踏み出すあなたへのメッセージ❷

3 一人ひとりの「想い」を紡ぎ、仲間とともに変える

「復興後」の未来を、オーガニックコットンに見た理由

4 一人ひとりの「ビジョン」が受け継がれ、まちは変わる 地域課題に、終わりはない

5 一人ひとりの「私」から未来は変わる 自分自身の声を聞く

※本書の帯と総扉の用紙については、ベッドリネンなどの布製品を回収し、そのコットン繊維を配合してつくられた「サーキュラーコットンペーパー」を使用しています。

1

一人ひとりの「気づき」を社会につなぐ

いわきはなぜ「古着を燃やさないまち」を
実現できたのか?

古着を燃やすことのない社会を創ろう。

今から考えても非常にだいそれた目標、今で言うパーパスのようなものを掲げて始まったザ・ピープルの活動が30年以上も続くなんて、当時は誰も思っていなかったでしょう。

古着を回収してリサイクル・販売する。こう言うととてもシンプルですが、

・回収する方法も販売ルートも知らない

・自治体との関係づくりもゼロから

・市民の協力が得られるかも不透明

という状態からのスタートでした。

しかも、始めようという私たちも、結成したてのボランティアサークルでしかありません。

関係性の一つひとつを、回収・販売ルートの一つひとつを、どのようにして挫折を味わいながらも編み上げたのか。市民の想いで始まった取り組みが、どのようにして「まちの当たり前」になっていったのか。

ザ・ピープルの立ち上げから振り返り、紡いでいった想いと取り組みがまちの文化と

なっていくまでを、まずは振り返っていきます。

1 ザ・ピープル立ち上げと、リサイクルの仕組みづくり

想いを共有できる仲間と、どのようにつながっていったか

いま、あなたが暮らすまちに、あなたの居場所はありますか？

こんなふうに問われて、「はい、あります」と言える人は、あまりいないのではないかと思います。それは、ボランティアに出合う前の私も同じでした。

いわきというまちに生まれ、育ち、20代でUターンして結婚、子育てと、生まれてからのほとんどをいわきで過ごしていたにもかかわらず、孤独感を抱え、居場所がないと、半ば諦めの境地で暮らしていました（詳細は第5章）。

同じ地域で暮らしていても、それだけで人と人がつながり合うことは難しいものです。ましてや、まだバブルの余熱がくすぶり、ようやく男女雇用機会均等法が施行されたばかりの

1980年代後半とあっては、今で言うコミュニティの重要性を意識しているような人は、ほとんどいなかったでしょう。

いわき市が1990年に派遣した海外視察団「第一回いわき女性の翼」は、女性だけを派遣したこと、ヨーロッパが視察対象というだけでなく、「つながり」をつくり出したという意味でも画期的でした。そしてこの視察団が、「ザ・ピープル」誕生のきっかけとなります。鬱屈した思いを抱えていた私も、わらにもすがる思いで参加を決めました。

団員は20名、派遣先はイギリス・フランス・ドイツ・スイスの4か国。何とも贅沢な大人の修学旅行といった風情ですが、メインテーマは本格的で、当時ようやく問題視されるようになり始めていた女性の社会参画の機会創出。女性議員育成機関や、DV被害者のためのシェルター、男女雇用機会均等法の研修機関などが視察先として用意されていました。

派遣先では、用意された研修のほかにも、街角で見かける資源ごみ用リサイクルボックスなど、さまざまな気づきと学びがありました。そして何より、こうした気づきや学びを、同じ体験を通して同じ想いを抱いた人と分かち合い、言葉にし合ったことが大きな刺激となりました。

同じ地域にいてもつながることができなかった人たちと出会い、さらには共通する想いがあるとわかったこと。この体験こそが、私のその後の33年の活動を続けていくうえでの財産となりました。

参加メンバーのなかには、派遣先で学んだことを自分たちのなかで留め置くのではなく社会に還元したい、との想いを持つようになった人も、私を含めて数名いました。そうした人たちが集まって生まれた小さなボランティアサークルが、ザ・ピープルでした。社会の課題を解決するためには、男性だけでも女性だけでもダメで、同じ意識を共有できる人々の存在が必要であるという想いで「ザ・ピープル」と名付けました。

すべては主婦たちの手探りの取り組みから始まった

私自身の市民活動のルーツと言える「特定非営利活動法人ザ・ピープル」。ここでその概要を紹介し、なぜごみの問題、特に古着の回収に取り組むようになっていったか、ご紹介しましょう。

特定非営利活動法人ザ・ピープルは、福島県いわき市において1990年の設立以来、「元気なまちには　元気な主張を続け　元気に行動する市民がいる」を合言葉に活動してきました。設立当時のメンバーで今も関わっている人は、私ひとりとなってしまいましたが、現在30名ほどのボランティアスタッフが集い、同じ合言葉のもとに想いを連ね、活動を支えてくれています。2023年時点でその活動は33年になります。そして、古着のリサイクルを中心に、障がい者福祉・市民啓発・青少年育成・海外支援など多方面にわたる活動を関連させながら、住民主体のまちづくりの活動を継続実践しています。

任意団体として活動をスタートさせた当時、東京のごみの埋め立て処分場である夢の島がもうすぐいっぱいになるとの報道が大きく取り上げられていました。ボランティアサークルに集った仲間のなかでも、足元のいわき市内でのごみ問題がどうなっているのかを知

第一回いわき女性の翼のメンバーとの集合写真（階段後ろから2人目が吉田）

りたいという想いがあったことから、私たちは地域社会のごみの問題に向き合うようになりました。視察先のドイツでは、ガラス瓶や雑誌・新聞紙などを回収コンテナを使って回収を行っていました。ああいったことが、私たちにもできないだろうか——。

しかし、時代はようやくリサイクルという言葉が定着し始めたころ。牛乳パックや食品トレーが日本で回収されるようになるきっかけとなった容器包装リサイクル法が制定(1995年〜)される前、1990年のことです。しかも、私たちの大半は普通の主婦で、当該の業界についても何もありませんでした。

もったいない、という想いは、ヨーロッパの人と変わらず、私たちも持っている。そんな想いで、何ができるかを考え、古紙回収や牛乳パックでの紙すき体験教室の開催など、自分たちでも取り組めるごみ減量、リサイクル啓発活動を行っていきました。

さらに、活動の一環で市民に対してごみ問題に関するアンケート調査も実施。

活動を開始して間もないころ。古紙回収を実践

「燃えるごみに出しているけど、もったいないと思っているものは？」

アンケートのなかのこの質問が、私たちのその先を決めました。

圧倒的に問題視されていたのが、「古着」だったのです。

じゃあ、古着を回収しよう。できる限り、リサイクルルートに乗せていこう。

今では「古着回収といえばザ・ピープル」と呼ばれるようになった活動は、主婦たちの手探りの取り組みから、始まったのでした。


「なぜ、古着を回収できると思えたんですか？」

ザ・ピープルの活動についてお話ししていて、もっとも驚かれるのが「回収」についてです。

たしかに、当時の私たちの状況を振り返ると、回収の知識や経験のみならず、衣類についての知見すらない、という有り様。そんな自分たちが古着を集めてリサイクルできるという実感を持っていたなんて、今から思えば、どこからそんな自信が湧いたのだろう、と不思議に思います。

しかし、ここでも頼みになったのは「つながり」のちから。

「私たちと同じように、もったいないと思ってくれる人がいるなら、つながれるはずだし、できることがあるよね」

「絶対、回収にも協力してくれるはず」

そして、その想いは間違っていませんでした。

大量の古着が、私たちのもとに寄せられたのです。

しかも、予想をはるかに超えるペースで――。

どうやって集める？ どこに集める？

少しさかのぼります。

古着を集めるにあたって、私たちが悩んでいたのが、「どこで」「どうやって」集めるのか。

前例のない「古着の回収」を実現するには、集める場所と、そのための仕組みが必要です。

衣類や回収については素人集団だったザ・ピープルのなかで、創設当時に活動の幅を広げるうえで助けてくれたのは、リーダー役を務めてくれた初代理事長でした。英会話学校の経営者であり、地元商工会議所から教育関係まで、幅広い人脈を持っていた彼女がいなければ、ザ・ピープルの各事業は成立し得なかったでしょう。

その力は、最初の回収拠点の確保においても発揮されました。

みんなで、「最も犯罪の起きにくい場所はどこだろう」と考えた結果、金融機関の窓口ならば、荒らしたり盗んだりする人はいないのではないか、という話になったのですが、このときも彼女が地元の福島銀行小名浜支店の支店長と交渉してくれたのです。

「どこで」回収するかが決まると、次は「どうやって」です。地元銀行の窓口に集められた古着を、どのように回収し、リサイクルするのか。

まず必要なのは、回収するためのボックスです。初代のボックスは、上蓋を外したドラム缶にペパーミントグリーンのペンキで色を塗り、「ゴミラと名付けた怪獣のマスコット

当初のドラム缶製のボックス。平城山の婦人会に設置協力いただく

を描いた簡単なもの。「ご家庭で不要になった古着をお持ちください」との掲示を添えて、銀行の窓口に立ち寄るついでに古着を提供してもらえるような仕組みをつくったのです。
そして回収した古着は地域内の古物商に買い取ってもらう、というシンプルな「出口」を設定し、活動し始めたのでした。

今から見ると不用品の回収ボックスの設置はありふれたアイデアのようですが、当時はとても珍しいもの。そんな初めての試みに対して金融機関の窓口が了承を与えるということは当時まったく考えられないことでした。しかも、回収した古着を一時保管するために、銀行裏手の物置小屋まで貸してくださり、ボックスがいっぱいになると、職員の方が物置に運んでくれてもいたのです。このご厚意がなければ、いわきの古着回収は頓挫していたかもしれません。

予想外の反響に、優しく背中を押されて

実際にスタートしてみると、反響は予想を超えるものでした。

週に一度、銀行に立ち寄って回収するくらいでは到底対応ができないほどの量の古着が、集まったのです。しかも、長いあいだ大事にして保存されていたことを思わせる、状態のいい衣類も多く、

「家庭のなかに、こんなにも『どうしよう』『もう使わないけど、捨てるには惜しい』という衣類が溢れていて、みんなそれを何とかする機会を待っていたんだ」

と自分たちの活動の背中を押される気持ちでした。

さらに驚いたのは、その質のよさ。ザ・ピープルの活動を通して、私たちは手で触れば衣類の組成や質がある程度わかるようになっていくのですが、古いものの質の高さには今も驚かされています。

そのまま古物商に渡してしまうのは惜しいような状態のよいものがたくさん含まれていることに気づいた私たちは、自分たちでチャリティバザーを開くようになりました。あのころは無自覚なままやっていましたが、新しいルート、リサイクルの「出口」の開拓に乗り出していたのでした。

最初は「おいくらでもいいのでどうぞ」という形で開いてみたところ、１円を入れる人

も、1000円を入れる人もいる。それでは公平感がないのでは、と価格を決めることに。バザー開催を繰り返し、手応えを感じ始めたころに、小名浜のまちなかの空き店舗に誘われ、回収したなかから状態のいい衣類の販売店を開設。その後店舗は何度か移転しますが、今に至るまでザ・ピープルの大きな柱となる古着販売の事業はこうして育っていきました。

ただ、当時の感覚としては、事業を育てようという意識ではなく、喜んでくれている人がいる、ということが原動力になっていました。

「おさがりバザー」と称して、子ども服限定のバザーを年2回開催していたころのこと。「子ども服を譲る先がなくて、捨てなきゃと思っていたけど、こうして集めてくれて嬉しい」と声をかけてくださった方。

「これから子どもたちの服は、ここで用意するのよ!」と袋いっぱい買ってくださったうえに「助かるわ」と私たちに伝えてくださった方。

子どもの服が、地域のなかで回っていく仕組みを――言うなれば「私たちなりの子育て支援」を――ザ・ピープルの活動を通してつくることができた。このことは本当に、当時の私たちの励みになりました。

33年を今振り返れば一瞬のことですが、活動の一つひとつは、試行錯誤の連続。ひとつやってみると、次の課題が見えてくる。四苦八苦して乗り越えてみたら、今度は次の課題に行き当たる。まるで子どものころに、次の電信柱までどっちが荷物を持つかでじゃんけんしていたように、「次の柱まで行ってみよう」と仲間とともに越えていった、その先に「古着を燃やさない社会」というビジョンが生まれていったのです。

子ども服ばかりを集めた「おさがりバザー」

ボランティアの有償化をめぐって――組織のひずみ

ザ・ピープルの活動は、徐々に地域内でのリユース販売にウエイトを置く常設店舗の運営、収益金の社会還元を目指す障がい者小規模作業所の併設、さらには海外支援事業の展開へとつながっていきました。

はたから見ると順風満帆に見える「古着を燃やすことのない社会を創ろう」という活動ですが、拡大に伴い、さまざまなひずみも生まれていました。

ここまで、あえて言及してきませんでしたが、古着回収には、何種類もの「スペース」が必要となります。

集めた衣類を保管し、仕分けするスペース、仕分けた衣類を保管しておくスペース、そして在庫を抱えて販売するためのスペースも欠かせません。ザ・ピープルも、増え続ける衣類に対応するために、倉庫や店舗を借りてはスペースが足りなくなって移転する、ということを繰り返していました。

そのたびに、ボランティアで集荷、仕分けし、販売するスタッフたちも、作業場所の変更などに対応しなければなりません。しかも、広いスペースに移転するということは基本的に作業が増えていくことと同義だったため、負荷も増えていきます。

当時は無償のボランティアを募り古着リサイクル活動を維持しようとしていましたが、古着の不良在庫が山となる状況を前に、無償で日常の業務を支え続けることには限界があると考えるようになっていきました。古着の山との格闘は、その後もずっと続くことにはなるのですが、当時はその状況を分かち合える仲間になかなか出会えず、まさに孤軍奮闘せざるを得ない状況に、私は追い込まれていたのです。

地域の公共施設やスーパーマーケットなどに古着回収ボックスが設置されたころには、回収される古着は年間10トン超。もはや、主婦の集まりが無償のボランティアで維持できるレベルではありません。ひとり、またひとりと辞めていくメンバーを見送ることになった私は、この活動を続けるためには、スタッフの有償化しかないと覚悟を決めました。

ところが、現場にいる時間が一番長く、ザ・ピープルの持続性を考えるとスタッフの有償化が欠かせない、という私の危機感を、当時の理事長に理解してもらうことはできませんでした。

理事長の経営者としての感覚は、ひとりの主婦でしかなかった私にとってはすべてが学びとなりましたし、そのときにつないでいただいたご縁が今でもプラスに働いていると感じます。後述する障がい者小規模作業所の併設も、海外支援事業も、彼女のアイデアや人脈なしではスタートしなかったことです。

ただ、私が彼女への敬意と、現場の危機の板挟みとなり揺れているあいだにも、組織の混乱は拡大し続けていました。

最終的に、私が代表に入れ替わる決議を行い、ボランティアの有償化を進め、次のステップに進むことを決意しました。

組織内の人間関係でのトラブルが組織の命運を左右するということを、私はこのときに学びました。「あなたのような人についていく人はいない。あなたが代表になればこの組織は長くはもたないだろう」。彼女からの最後通告の言葉でした。それまで、心から尊敬していた人との決別。不本意な形での決別が、それ以降の私を支え続けた部分があるのは間違いありません。「ここで投げ出したら彼女の言葉通りになってしまう。投げ出すわけにはいかない」と。

ごみから寄付へ ——市民意識の変容をもたらした「回収ボックス」

古着の回収という行動が、いわきというまちに定着するまでには、さまざまな難関がありました。

そのなかでも、回収ボックスで市民から古着を集める、という仕組みそのものを磨き続けてきたことが、まちの「当たり前」にまでなり、市民の意識を変えてきたのだと思っています。

というのも、市民の側が「ごみを出す」という感覚のままでは、回収してもリサイクルにつながらないからです。

ザ・ピープルの倉庫を視察したいという依頼は絶えませんが、みなさんが言うのが「古着特有のすえた臭いがしませんね」ということ。これは、市民の側が、出す前に洗濯をしてくれていたり、きれいな状態のものを出してくれている、ということにほかなりません。ごみ回収の一部だと思っていては、こうはならないのです。

この流れを生み出すきっかけとなったのが、回収ボックスの改修でした。

そもそもボックスについての議論は、当初のドラム缶では、投入しやすい代わりに、提供された古着を持ち去るなどのトラブルの危険性も大きいという問題点から始まりました。実際に、古着を回収しようとトラックで巡回しているスタッフの目の前でドラム缶の中身を漁《あさ》る人がいて、「これは提供いただいた古着です。抜き取りはやめてください」と言葉を掛けると「ただで集めているんだからうるさく言うな」と食ってかかられる場面もありました。

そこで、少しでもトラブルの危険性を回避するために、いわき市森林組合から地元産の杉の間伐材の提供を受けて、それを活かした山小屋風のボックスをつくって、切り替えていきました。

ここで大事なのは、山小屋風ボックスの古着投入口に、資源ごみの回収とは違うのだという意識づけの意味を含めて「おかえりなさい　古着さん」との掲示を添えたこと。ただボックスを新しくしただけではなく、このなかには各家庭で大事にされてきたものが入っているということを伝えようと考えたのです。ほかにも、「衣類を入れる前のチェックリスト」や「入れて良いものはこんなもの！」といったことを明示しています。

この取り組みの背景にあるのは、古着は「資源ごみ」ではなく、「寄付」だということ。このメッセージを、ボックスだけでなくさまざまなシーンで発信し続けてきました。これを愚直に30年近く繰り返してきたことで、古着は寄付である、という意識が、市民に、そしてまちに根づいていったのです。

市内の銀行に設置された間伐材製の古着回収ボックス

地方銀行からスタートした回収ボックス設置箇所は、ボックス切り替えの成果もあって百貨店、スーパーマーケット、個人商店、そしていわき市役所や公民館などに広がっていきました。

こうしてさまざまな企業や行政機関に協力を依頼してつくり上げてきた古着リサイクルの仕組みについては、国内では非常に珍しい事例だったようで、研究者の来訪を受けることもありました。「あなたたちのような活動は、ドイツやオーストラリアでは同じような事例はあるけれども、国内では見当たりません」という研究者の言葉に、私たちの手法は間違っていないとのお墨付きをいただいたようで、喜びを感じました。

複数のルートを編み上げて、ひとつの大きなネットワークに

私が代表になった2000年以降、地域内に回収した古着の「出口」部分を担う連携先を失ったなかで古着リサイクル事業をいかに継続するかが課題となりました。

すでに1990年代なかばから、バブル経済の崩壊の余波を受けて、私たちの活動現場

にも地域経済の悪化が暗い影を落とし、地域の古物商が故繊維《こ》の取り扱いを停止し、地域内のリサイクルルートを失いました。それどころか、古着を古物商に売り渡しても、逆に処理費用を要求されるという事態に見舞われることになっていたのです。

当然、地域外に古着のリサイクルルートを開拓せざるを得ません。しかし、ここでも壁が立ちはだかります。ネット上で見つけた全国各地の古着取扱事業者に古着を引き取ってくれないかと手紙を書きましたが、「東北の、田舎の古着はいらない」というそっけない返事が返ってきたこともあります。また、自動車の内装材用にボロの買い取りはするが、事前の処理加工としてすべてのボタン・チャックなどの異素材取り外しを条件として提示されたこともありました。そうしたなかで、引き受けてくれた事業者は、まさに地獄に仏でした。

それでも私は、単一のリサイクルルートに全体重を乗せてしまうことには、常に不安を感じていました。そのルートが世界的な経済情勢の変化などによりひっくり返る可能性を常にはらんでいることを、それまでの経験のなかで思い知らされてきたからです。私たちの古着リサイクル活動は、独自に見出した一つひとつの細く脆《もろ》いつながりを合わせて編み込むようにして、地域内外で機能させてきたものなのです。

日々古着が集まり、その仕分けに追われながら独自に企画したさまざまな事業を進めていく。この活動形態を維持するためには、組織の内側と外側の両面に対しての気配りが欠かせません。そうした組織の状況を支えてきたのが、外向きの志向の強い私自身と、副理事長兼事務局長の職を務めてくれたいわき市役所職員ＯＢの甘南備《かんなび》かほるさんでした。彼女の仲間たちへの声掛けによって、ボランティアの仲間が増えただけでなく、感情の起伏の少ない平らかな彼女の姿勢が、多くの仲間をつなぎとめる効果を生み出しました。彼女の存在なくしてザ・ピープルという組織はここまで継続できなかったと思われます。行政機関とのつなぎ役としても活躍してくれましたし、彼女自身が障がい児を抱えるひとりの母親であることが私たちに大きな気づきを与えてくれました。

屋外で古着仕分けをしていたころの作業風景

古着を活かしきる「循環」のつくりかた

現在、回収される古着は年間約260トン。その90%近くを地域内外のルートを駆使しながらリサイクルし、社会へ資源として戻しています。そのための手法は、さまざまです。これまでの長い活動時間をかけて編み出してきたルートの組み合わせであり、このルート一つひとつが私たちの活動を支える財産と言ってもいいものです。

「チャリティショップ」で古着だけでなく、関係性も循環させる

まずは、状態のよい古着については、地域内でのリユース販売が基本となります。地域内でもう一度使ってもらうための常設のショップをいわき市内に2か所（2023年12月現在）で運営しています。このショップは市民から寄付品として提供された古着の販売により社会活動の財源を生み出すという意味で、チャリティショップという範疇に属しています。

地域のなかの交流の拠点となることを目指し、ピープルコミュニティセンター（PCC）という愛称で運営していた時期もあります。店頭に立つボランティアスタッフとの会話を

楽しみに、毎日のように店を覗く地域の女性たちの姿があります。店の一角にはお直しのコーナーが設けられ、縫製の技術を持つスタッフが常駐してお客様が店内で購入した商品や持ち込みの衣服のサイズ直しや補修に腕を振るっています。

単なる古着のリサイクルショップではなく、長く愛着を持って服を着続けてもらうための場として機能しているのです。

こうした常設店舗のほかに、子ども服ばかりを集めた「おさがりバザー」や、古い着物と着物を素材として活用したリメイク品を集めた「いにしえ着物市」といったイベントバザーも定期的に開催。少しでも地域のなかでの再使用、再活用を進めようとしています。

いわき市小名浜にあるチャリティショップ。常連客が毎日覗いてくれる

古着から、障がい者が働く場をつくる

次は、木綿の多く含まれる素材を工業用ウエスの材料として活用するルートです。

1997年、チャリティショップの一角に設けた小さな作業スペースで、ハンディキャップがある方々が働く場としての小規模作業所を設けました。

きっかけは、地域のなかに、養護学校を卒業した後に就労する場がなく、それまでの機能訓練の成果が失われてしまう方がいるのを知ったこと。

下肢麻痺のあるその方は、家にこもっているうちにいざる（座ったまま移動する）ことしかできなくなっていました。

私たちは福祉の専門家ではありませんでしたが、そうした状況を阻止することができたら、という想いで店舗内に作業所を設けたのでした。仕事の内容は、古着のうち木綿が35％以上の組成の生地を切り開いて、工場で機械の水や油をふき取るためのウエス（雑巾）に加工するというもの。最初の3名のうちのひとりとして、前述の下肢麻痺の方にも来ていただきました。

始めてみると、家にこもっていた彼も、やがて店内を杖を頼りに歩き、店舗を訪れるお客様と挨拶を交わすように

店舗内のお直しコーナー。専門スタッフが常駐していた

なり、会話するようになっていきました。

古着屋さんだから、お客様が来る。その店舗内に福祉の現場があるから、お客様との交流の場になる。同じ地域で暮らしているけれど接点のなかったハンディキャップのある人とまちの人とが、仲間になっていくのを目の当たりにし、こうした福祉の現場をお店に持てていることが嬉しくてなりませんでした。


その後、この施設は、ザ・ピープルがＮＰＯ法人格を取得する段階で「障がい者施設は福祉の専門家の手に委ねるべき」との判断から、別法人として独立。障がい者就労継続支援施設Ｂ型として地域のなかで機能を果たしています。その施設長である豊田節子さんは、第一回いわき女性の翼の派遣メンバーのひとりであり、甘南備さんの親族でもあるという縁で、市立保育所の所長職を退任後にその任を引き受けてくれたのでした。

ウエスづくりの現場に長年立って感じることを、豊田さんは「ひと昔前に集まってきて

障がい者施設での工業用ウエス加工

いた古着の素材がどれほど質のよいものであったかがわかります。今は、綿製品でも大量に生産されるなかで、その品質はどんどん下がっていっているように感じるのです」と言っています。集まる古着を通して社会の一面が透けて見えてきます。

一つひとつは小さくとも、リサイクル手法を組み合わせることで道は開ける

地域のなかに留め置いても有効な活用手段のない古着については、「反毛《はんもう》」という工程に乗せることで活用してきました。その工程では、古着を針のついたローラーで引っ掻くことで繊維の状態まで戻し、ふわふわの繊維に樹脂などを加えて再度固め、自動車のひじ掛けやトランクルームのフェルトなどの内装材として活用します。その工場は、岩手県一関市にあります。このルートも、自分たち自身の手で開拓してきました。一時期は、回収された古着の約50％がこのルートに流れていく時期もあったほどです（海外への輸出ルートでは歓迎されない冬服の活用方法として、

反毛工場への出荷風景

2023年8月時点までは機能してきたルートですが、今後については人件費や燃料費高騰に伴う輸送費用の問題が大きくなり、再検討が加えられることになりました)。私たちのように最終的なリサイクル手法を自力で持ち得ない組織にとって、このルートはありがたい存在。しかし、半面まだまだ着用できる状態の衣服を繊維の状態まで戻さなければ活用できないということに、諸手《もろて》を挙げて喜べないものを感じていたのも事実です。

そして、そのほかにも私たちのもとに集まった古着が資源として社会に戻っているルートがあります。たとえば、中綿がダウンやフェザーのジャケットなどは、「グリーンダウンプロジェクト」を介してもう一度新しい商品の中綿へと再生されます。毛玉だらけのセーターは国内のブラシメーカーのデモンストレーション用に買い上げられていきます。そうしたルート一つひとつに意味があり、思いもかけない価値が古着に与えられているのです。

海外輸出または支援品としての活用

そのほかの古着については、海外に持ち出すことで活用の道筋を見出してきました。私たちは、本来なら国内で集められた古着は国内で再資源化できるのが望ましいと考えています。しかし、現状では国内の古着マーケットで古着をすべて吸収することは難しく、経済格差を利用した輸出ルートに依存せざるを得ない部分があります。もちろん、海外でも生活困窮者や災害被災者に対しての支援品としての活用もあります。フィリピン、ラオスといった東南アジアの国々やアフリカに送られ活用されるのです。焼却処分するよりは再使用してもらえることで少しでも環境負荷を軽減できるのではないか、という想いで開拓したルートになります。

リメイク品の素材としての活用

私たちは、古着を素材として活かすということにも取り組んでいます。

その取り組みは、ボランタリーな形で活動に参加している地域の女性たちのスキルが活かされたものになります。着物を解《ほど》いて布状にしたものにベルト芯を入れて紐状に仕立て、編み上げてつくったバッグや、洗濯ばさみをフリース生地でくるんでつくる猫ばさみなどユニークな商品が生み出されています。また、縫製技術を持つ地域の女性たち

フィリピンの貧困地域に送られた支援品の古着を喜ぶ人々

はチャリティショップ内のお直しコーナーでの持ち込み品のお直しのほかに、古い着物を素材とした作務衣《さむえ》やのれんづくりなどにも腕を振るっています。

30年超の活動でつくってきたのは、「古着を燃やさない」という文化

ザ・ピープルのように古着を販売して社会活動の原資を生み出すための店舗「チャリティショップ」の運営を行っている市民活動団体はほかにもあり、その仲間たちと、「日本チャリティショップネットワーク」という団体を組織しています。参加団体は20団体で、ショップ数は79店舗に上ります。しかし、そのネットワークのなかでも、ザ・ピープルのように古着を無条件で回収し、その再資源化を独自に進めるという活動を行っている団体はほかになく、事業者と同じようなレベルの活動を行うこのリサイクルの形態は、国内では非常に珍しいとされています。

こうした活動の形がようやく整い始めてきたころに、私たちは一般社団法人日本リ・ファッション協会代表理事である鈴木純子さんの活動との接点を得ました。私たちが一地方都市の地域のなかで進めてきていた古着を燃やさない社会づくりを、東京という人も物

も多く集まる中心地で、企業を巻き込みながら進めている日本リ・ファッション協会の事業の様子に、ある種の羨望《せんぼう》の想いを禁じ得ませんでした。しかし、東日本大震災を契機として互いの活動状況や想いを深く知るようになって、私たちのように地域に根差して活動する組織にはそうした組織の強みがあり、中央で企業や高等教育機関との連携が生み出す強みとはまた違った財産を私たち自身が持っているということに気づかされるようになりました。

鈴木さんは言います。

「いわき市には、古着を燃やさずに活用するという文化が育っています。それはザ・ピープルが30年以上の年月をかけて育んできたものです」

私たちの活動が地域文化を生み出してきた……これほど嬉しい言葉はありません。

たしかに、いわき市で長年暮らした人が、ほかの市に引っ越していった際、古着を回収する場所がないことにびっくりしたという声を聞いたことがあります。私たちがドイツの街角で見かけた「リサイクルコンテナが日常の生活のなかにある暮らし」と同じように、いわき市では「古着を回収するボックスがあることが当たり前のまち」になっているということ。それこそが私たちの33年間の活動の成果なのです。

この古着リサイクル活動のなかで、市内で火災などにより衣類をなくした罹災者に対して、いわき市の福祉部門からの要請により手元に集まった古着を度々《たびたび》提供していました。このことがきっかけとなって、私たちは2004年のNPO法人格取得の際に、定款上の特定非営利活動の種類のひとつとして「災害救援の活動」を掲げました。決してレスキュー隊のような活動ができると思っていたわけではありませんが、万が一の際に「動く」ことが自分たちの使命であるとの認識が私たちのなかにあったのです。

そして、そのことが東日本大震災後、私たちの背中を押すこととなりました。その経緯については、第2章以降で語りたいと思います。

2 新しい「当たり前」は、継続と対話から生まれる

「自主財源」の存在が、15分野もの活動を支えた

ザ・ピープルの行う特定非営利活動は、15分野にまたがっています。これは、自分たちのまちをより住みよいものにするために自分たちが関与できると考えられる分野を並べていった結果そうなったものです。

東日本大震災前、「ザ・ピープルは何をしている団体なのかわからない」といった声を聞くことが少なからずありました。古着を集めて販売する店舗を構えたかと思えば、その店舗のなかにハンディキャップのある人が働く場を設ける。古着販売の店舗周辺の街中で環境について考えるイベントを開催しては、集まった古着を活用した海外支援事業を進める。そして、地域福祉や環境行政のあり方を学ぶためにデンマークとドイツを視察する企画を立てては、その成果を『地球の裏側を歩いて』と題する本としてまとめて世に出す。地域の国際化を進めるためにと、市内の国際交流・国際協力関係の民間団体とともに、「いわき地球市民フェスティバル」というイベントを主催する（すでに22回開催しています）。

こうしてさまざまな活動を継続するうえでの力の源は、集ってきてくれている仲間たちの存在と、古着のリユース販売によって得られる事業収入でした。

通常の市民活動団体では、自主財源として事業収入を持つことが難しく、会費や補助金に依存せざるを得ないことも多い。何か社会的に意義のある事業を行おうとしても財源が確保できないために着手できないということはまま起こり得ることです。しかし、ザ・ピープルの場合は、古着リユース販売による収益を確保することで、その事業費を自力で生み出すことができていたのです。

地域to地域の海外支援活動

発足間もないころから海外支援事業に着手できた理由も、事業収入があったからにほかなりません。

古着リサイクル事業で生み出すことのできた余剰金は当初年額20万円程度でした。国内で何かしようとしても、たかだか20万円でできる事業には限りがあります。しかし、海外の貧困地域であれば、その生み出す効果は何倍にもできる。そう考えて着手したのが海外支援事業でした。市内の企業にやってきたタイからの企業研修生たちとの交流のなかから生まれたアイデアで、タイ東北部スリン県で「タイビルディングプログラム」と名付けられた教育支援を開始。現地の教育委員会と連携しながら、校舎や図書室などの整備を数年にわたって実施しました。

いわきから中高生を連れて行き、現地の子どもたちと交流の機会を持つということも。ヤモリが天井近くではい回る校舎に粗末な布団を敷いてみんなで雑魚寝《ざこね》し、僅かな溜め水で食器を洗い、自分たちで調理し、スコールが降れば天然のシャワーだとシャンプー片手に飛び出していき、村人総出での歓迎式典に涙を流す……そんな日本の日常とはかけ離れた日々のなかで、子どもたちのみならず私たち自身が多くを学び、気づきを得ていくのを感じました。何よりも、現地の子どもたちの明るいまなざしに、貧しいことが不幸とイコールではないことを学んだ、と参加した中高生たちは語りました。

しかし、やがて現地の受け入れ窓口であったスリン県教育委員会の担当職員が、いつしかゴッドファーザーのようになり、自分のところに要望を上げれば日本のＮＧＯとつないで学校整備が進むという触れ込みで権力を集中し始めていることがわかり、見直しが迫られました。そこで代表交代を機に、私たちは海外支援事業を根本から見直すこと

タイ北部ナーン県での少数民族支援活動。粉ミルクを贈った

にしたのでした。

そのときに手助けしてくれたのが、沖縄出身でバンコク在住の日本人、中澤洋美さん。タイ北部の少数民族に対する支援活動を独自に長年続けていた彼女の紹介で、ラオス国境沿いのナーン県で少数民族社会福祉局とつながって支援活動を開始することができるようになったのです。

モン、ヤオ、マラブリなどの少数民族が入り交じるように暮らす北タイの山岳地帯。そのなかで、私たちはかつてはジャングルを移動しながら狩猟採集生活を送っていたマラブリの人々に対して、小さな集会所兼幼稚園の施設を建設するという事業をまず実施しました。マラブリは、タイ政府の政策によりジャングルから出て定住するように指導されたものの、国籍を持たず、タイ語を解せず、医療にも教育にもつながれておらず、隣接して暮らすモン族の人々とは明らかに生活のレベルが異なっていました。

ブロックを積み重ねた壁とスレートの屋根があるだけの粗末な建物ができ上がったとき、ナーン県知事がやってきて、オープニングセレモニーが行われました。その折に、マラブリの人々にお祝いとして授与されたのは、なんと「国籍」でした。国民として当然の権利、教育や医療につながることができるようになった。自分たちの事業は小さなものではあるけれど、その余波が生み出したものの大きさに感銘を覚えたことは忘れられません。

小さな力でも、届く。それが、やりがいになる

その後の数年間、ナーン県での海外支援事業は、学校に併設する通学寮の建設や乳幼児の健康管理、高等教育機関への就学希望生徒に対する奨学資金供与と形を変えながら継続しました。

なぜここまでして海外事業に取り組んできたのか。それは、私たちが「ありがとう」の問題を抱えていたからです。

本来社会的事業に関わるボランティアメンバーたちに対してのやりがいをどのように提供するかを考えるのは、市民活動団体にとって大きな問題にはならないというのが、活動を開始したころのメンバーの考え方でした。しかし、組織としての活動が長く続くと、関わるメンバーたちにとってのやりがいの確保は重要な課題となっていきます。

とくに、古着を回収し、仕分けし、リユース販売するという日常の活動を支えるボランタリーな活動現場では、誰かから感謝の言葉をかけられるという場面は、まったくありま

せん。
古着を持ってきてくれた人に対して「古着を提供してくれてありがとう」、もしくは販売店で「古着を購入してくれてありがとう」と、自分たちから感謝の言葉を口にする機会はあります。しかし、回収していても、倉庫で仕分けをしていても「古着を燃やさずに資源として活かしてくれてありがとう」という言葉をかけられることは、まずありません。

黙々と、古着と向き合い続けてくれているメンバーたちに、

「古着を燃やさない活動を継続してくれたおかげで生まれた資金で行った事業を、タイの山岳地帯の人たちが、子どもたちが、こんなに感謝しています！」

という報告がしたかったというのが、偽らざるところでした。

地方都市発の支援をダイレクトに支援対象地域に届けることで、地域で行う古着リサイクル事業の現場では自分たちの生み出す成果を実感しにくいという課題を解消する。こうして、いわきでの活動に活気をもたらし、事業継続できるようにする。そんな気持ちで取り組んでいました。

そして、日々の活動の積み重ねによって生まれた資金で行う事業だから、1円たりとも

無駄にしたくない……その想いを、私たちはしつこいほど何度も支援先に伝えました。私たちの組織が日々の古着の回収、仕分け、販売という地道な活動の継続の成果として生み出した資金だからこそ、意味ある形で使用してほしいのだということを伝えなければいけない。それは、いわきで日々の活動を支えてくれているメンバーたちの努力に報いるために必要だと考えてのことでした。

煙たがられたザ・ピープル ——市民活動の難しさ

こうした活動を重ねるなかで、私たちは行政との付き合い方を学ぶことになります。活動開始間もないころ、接点を持ったいわき市環境保全課（現在の生活環境部廃棄物対策課）の担当者にとって、私たちはある意味、勝手に自分たちのやりたいことをやっている一民間団体、それも行政に非があればすぐにでも指摘してきかねない要注意グループに見えていたのではないでしょうか。

二本松市を中心とした広域行政区で行っているガラス類リサイクルシステムを学んだことを受け、いわき市の現状を尋ねようと訪問したときの担当者の対応は、何とも警戒感に溢れたものでした。色別に集められればそのほうがガラス瓶としてのリサイクルの純度は上がるのだという情報を得て、いわき市のすべてのガラス類をパッカー車で砕きながら集めるのではなく、できるだけ色別の回収ができないのだろうかと素朴な疑問を示すと、一言も間違った答えを発してはならないという緊張感の漲《みなぎ》る答えが返ってきました。そして、環境保全課という部署は、ごみ回収のトラブルを巡って市民が怒鳴り込んでくることのある部署だとも知らされました。

また、市内の故繊維業者が事業から撤退してしまって古着の処理先がなくなった際は、行政として対応策を考えてくれないかと泣きついたことがありました。そのときの返答も、一民間団体を優遇することはできないという冷たいものでした。担当職員は言いました。

「あなたたちは自分たちでやりたいことをやっているだけで、いわき市全体を公平に対象としてやっている事業ではありません。そのような活動に市役所として特別な支援を与えることはできません」

何とも口惜しい気持ちで、庁舎を後にしたのでした。

「行政の当たり前」も変えられる

そうした行政の態度が少しずつ変化してきたのは、やはり活動の継続という実績がものを言ったのかもしれません。でき得る限り補助金に頼らずに自主事業収益をもとに活動を継続するという基本姿勢を貫いていたのもよかったのかもしれません。また、ごみ減量推進委員を引き受けてください、というような市の要望は絶対に断らないようにし、せっかくならばと出席した委員会では必ず発言していました。後にこうした私の発言が、うるさがられながらもそれなりに影響を与えていたことを知りました。

やがて、行政側から助成事業や委託事業のオファーをいただくことが増えてきました。また、こちらの窮状を訴えた際にも、きちんと話を聞いて対応策を考えてくれる場面も生まれるようになりました。今では、市民から古着の処理についての問い合わせが入ると、いわき市の担当者の返答は「市内ではピープルさんという団体が古着を回収しているので、そちらの回収ボックスへ入れてください」というのが当たり前になるまでになりました。行政の「当たり前」が変わってきたのです。

さらに、行政サイドから求められれば、私自身が市民団体の代表の立場で、いわき市の基本計画策定の審議委員会などのメンバーとして参画するというような機会をできるだけ断ることはしないようにしてきました。半面、団体の活動現場に私の姿がない日々が多くなり、現場スタッフとの心理的な距離が離れていく不安が付きまといました。そうした不安を埋めてくれたのも、副理事長兼事務局長として支えてくれていた甘南備かほるさんでした。彼女はよく言っていました。「いわき市の職員は毎年何人も定年退職を迎えるのに、ピープルの仕事を手伝おう！と言って来る人は全然現れない。どうしてなんだろう」。傍から見たら定年退職後に入り込もうと思えるほどたやすい活動には見えなかったのでしょう。そんな活動に定年後入り込み、80歳を超えても現場に立ち続けてくれた甘南備さんには感謝しかありません。

30年以上活動を継続してくると、活動開始当時に市役所の担当職員として話をしていた人が、年数を重ねるなかでステップアップして、部長職に就任、ということも珍しくなくなりました。そして、定年退職後に移った先でお世話になるという場面も出現しました。かなりの長期スパンで行政という組織の変遷を目にしてきたことになります。

この33年のあいだで行政の市民ファクターに対する対応は変わりました。市民に不満を抱かせないことを最優先に考えていたのとは違って、今は行政サイドでも市民と協働して進まなければ担うべき役割のすべてをこなすことが難しいのだということは十分理解していて、そのパートナーを求めているのだと感じています。市民が成長して、ともにこの地域社会を創る仲間として話し合いの場に出てくることを行政は待ち望んでいるのではないでしょうか。

私たちの活動が、満20年という節目を迎えた2011年1月、古着リサイクル活動が地域社会にもたらしてきたものを確認したいという想いで、記念シンポジウムを企画しました。そのとき、地域の有識者として私たちの活動を検証してくれたのが、昌平黌《しょうへいこう》東日本国際大学副学長で経済経営学部教授の福迫《ふくさく》昌之さんでした。

地域経済のなかで、市民活動団体が果たしてきた役割や担ってきたものを客観的に評価してもらえるということは、組織内部の人間にとって、「あなたたちのしてきたことは独りよがりではないよ」と言ってもらえるような心強さが

震災後1年、いわき市からの依頼で余った支援品のうち衣料品80トンすべてをリサイクルルートに乗せた。行政との関係構築ができていたからこそできたこと

ありました。その心強さがあったから、その直後に地域を襲った東日本大震災にも向き合うことができたのかもしれません。

これから一歩を踏み出すあなたへのメッセージ❶

小さな違和感に気づいたら

もしあなたが、日々の暮らしのなかで何か「引っかかり」のようなものを感じているのなら、ぜひ伝えたいことがあります。

どうか、その想いに「蓋」をせず、自分の一部として大事にしてほしいのです。

ザ・ピープルはいわきというひとつのまちで、ごみ、困窮者支援、海外支援など、さまざまな側面に取り組んでいるため、「立派ですね」と言われることがあります。

ですが、この章でご紹介したとおり、その原点は、偶然に集まった人たちが、気づいてしまった問題を見て見ぬふりすることができずに手探りで歩みだした、というところにあります。

「市民活動」と言っても、必ずしも高尚な思想が必要なわけではありません。その意味するところは、気づいてしまった市民一人ひとりが、その気づきをもとに動き出し、一歩一歩積み重ねていくことにほかならない、と思うのです。

だから、あなたが何かに気づいたのなら、それこそが新しい一歩となり得ます。

「自分に市民活動なんてハードルが高いから」

「どうせ私の抱いた疑問なんて、行政には届かない」

ではなく、

「私が気づいたこの違和感は、もしかしたら同じように感じている人もいるかもしれない」

と考えてほしいのです。

第5章で述べますが、私自身、いわき市主催の海外派遣に参加する前は、自分のことを社会から疎外された、価値を生んでいない人間だと感じていました。それでも、一歩踏み出した先で、ごみの問題に気づいてしまった。もう、この気持ちに蓋はできない。当時はそこまで言葉にできてはいませんでしたが、そんな想いが、私を活動に導いてくれたのでした。

33年、活動を続けた結果、当時の私たちの違和感から始まった「古着を燃やさない社会」は、いわき市において「当たり前」となり、ひとつの文化をつくったと言っても過言ではありません。

でもそれは、最初から計画されたものではなく、私たち一人ひとりが、自分のなかの小さな違和感をすくい上げたところから始まったのです。

いま、あなたが蓋をしている自分の気持ちに、耳を傾けてください。

人の、まちの、社会の変容は、そこから始まります。

2

一人ひとりの「葛藤」を尊重し、対話でつなぐ

震災、そしてその後の分断をいかに乗り越えたか

「ザ・ピープルの20年の活動は、いまこのときのための助走期間だったのかもしれない」

２０１１年3月11日に発生した東日本大震災で、福島は自然災害と人為的災害が合わさった複合災害の現場となりました。

私自身も被災し、我が家は大規模半壊に。

しかし、ザ・ピープルで培ってきた経験が、私の背中を押してくれました。

震災後数日で支援に動き出した私たちは、いくつもの出会いに支えられ、被災者自らが料理する「自炊炊き出し」から、災害ボランティアセンターの設立・運営、いわき市民と原発事故からの避難者が交流し合えるサロンの開設と、福島復興に向けて奔走することになります。

誰も経験したことのない混乱のなかを進み続けてきましたが、ことあるごとに私の頭のなかをよぎったのが、冒頭の想いでした。

初めてのシーンの連続でしたが、それまでの20年で培ってきたものが、すべてつながっていったのです。特に、周囲の仲間と想いを共有し、ひとつの活動を織りなしていった経験は、未曽有の大災害からの復興という困難な道を歩んでいくときに、羅針盤の役割を果たしてくれました。

私たちは、いかにして混乱から徐々に立ち上がり、分断に向き合っていったのか。あの日の出来事から振り返っていきます。

1 発災直後に思い知らされた「ザ・ピープルの存在価値」

ブロック塀がガラガラと崩れていく

2011年3月11日午後2時46分、東北地方を激しい揺れが襲いました。私はそのときを、団体のメンバーとともに福島県いわき市にある団体事務所で迎えました。長い揺れが収まったとき。それは災害の終息ではなく、長く続く災害の始まりにすぎませんでした。

私がいたのは、いわき市小名浜本町通りにあるかつて銀行だった建物。まちづくり関係の団体の共同事務所として使えるようにと提供された「まちづくりステーション」の奥にある小部屋にザ・ピープルの事務所があったのです。

耐震構造ではない古いビルなので、慌てて屋外に飛び出しました。隣接するショッピングモールの駐車場で長い揺れの時間が過ぎるのを待つあいだに、電線が激しく揺れ、ブロック塀はガラガラと崩れ、屋上の貯水槽からは水がはね飛んでいるのが見えました。

通りすがりの女子中学生がこわがって泣いていたので、その子を抱えながらとにかく揺れが収まるのを待っていました。ふと、『日本沈没』という本のタイトルが頭をよぎりました。揺れが収まったときの大きな安堵感は、今もありありと思い出せます。

その後、大渋滞をくぐりぬけてやっとの思いでたどり着いた我が家はめちゃくちゃになっていました。建物は一応立ってはいましたが大規模半壊。留守を守っていた高齢の義父が茶の間のテーブルに放心状態で腰かけていました。それでも、停電せずにいたので、オンタイムで岩手・宮城の被災地を襲う津波の映像を見ていました。自分たちの地域にどんなことが起きているのかを知らないままに……。

震災翌日に目にした小名浜港の被災状況。人工島建設にあたっていた台船が道路に乗り上げる

「どうも小名浜も津波の被害があったらしい」
そう聞いたのは発災翌日のことでした。すぐに甘南備さんと車で小名浜に向かいました。そして変わり果てた地元の海岸を目の当たりにしたのです。言葉もありませんでした。

錯綜する原発事故情報。まちはゴーストタウンに

震災翌々日の3月13日昼には福島第一原子力発電所の事故のことがニュースになりました。当時我が家は20代の娘と私たち夫婦、義父の4人暮らし。原発施設に親戚が勤めている友人から「原発が危ないらしい」という電話がきたり、新潟で医者をしている弟から「避難したほうがいい」と連絡がきたりしました。

まちからはどんどん人が出ていきゴーストタウンのようになっていきました。車もほとんど走っておらず、スーパーに行っても何も売っていない。「これは本当にやばいんじゃないか」と、不安が募りました。

ただ、我が家では義父が決して動こうとしませんでした。テレビ報道で「すぐに健康被害があるようなものではない」と繰り返し報じられることで、義父は気持ちを頑《かたく》なに

していました。「自分ひとりでもこの家に残るから俺を置いて出ていけ！」と怒鳴られては、避難したいと強く主張することもできません。「避難する、しない」で毎日口論が続きました。

結局、娘を新潟に避難させることができたのは3月15日でした。

発災直後の数日は自分の身のまわりのことだけで精いっぱい。「不要不急の外出はしないように」と広報車が回っていましたが、水道が止まっていたので、水を汲むために長蛇の列に並ばなければなりません。見れば、当然子どもたちも親に連れられてその列に並んでいました。風向きの関係ひとつでセシウムの飛散という事態を免れたいわき市。でも、いち早く飛散した放射性ヨウ素がこのまちの上を流れており、その影響が案じられるようになったのは大分時間が経過してからでした。

「ザ・ピープルは、こういうときに動く団体だったんだ」

娘の避難が終わって、私はようやく周りのことを考えられるようになりました。

このいわきという土地に残って、私は何をしなくてはならないのだろう。

半壊の家で、自問したとき、ふっと私のうちに湧き上がる想いがありました。

「そうか、ザ・ピープルは、こういうときに動く団体だったんだ」

団体の定款に書いてあった「特定非営利活動　五、災害支援活動」の文言も背中を押してくれました。

まずは倉庫にあった防寒着や靴をかき集めて自家用車に積み込み、いわき市社会福祉協議会の小名浜地区事務所へ。我が家には当時2台車があったので、本当に避難する事態に陥ったときのために1台はできるだけ使わずにガソリンをキープしておき、動けるもう1台で小名浜地区内を動いていました。

緊急対応①「赤ちゃんお引越しプロジェクト」の頓挫

動き回っていると、情報が入ってきます。環境分野の活動でつながりのあった反原発系の大阪の市民団体から、「赤ちゃんお引越しプロジェクト」の連絡が入りました。原発事故後の状況に不安を感じながら避難できずにいる小さいお子さんのいるご家族や妊婦さんを、マイクロバスで大阪に避難させようという計画でした。自分も娘を避難させていますので希望者は多いのではないかと思ったのですが、実際はまったくうまくいきませんでした。

コミュニティ放送に情報の拡散をお願いしましたが「パニックを避けたい」ということで断られてしまいました。また、知り合いの産婦人科医からは「自分たちはこの地域で踏みとどまって子どもを産もうとしているお母さんたちを支援しようとしているのであって、避難を呼びかけることはできない」との反応が返ってきました。

本当にどんな選択をしたら正解なのかわからない状況なので、責めることはできません。でも、不確実な状況だからこそ、選択できる余地を残してあげたい。その想いが伝わらないことが、当時は悔しくてなりませんでした。

結局集められたのは、大阪からマイクロバスに伴走して来た乗用車1台で足りる人数だけでした。ただ、私たちの手元に、緊急車両登録を済ませ、ガソリンを満タンにしたそのマイクロバスが残りました。そこで、次はこのマイクロバスを支援に使おうと新たに動き

緊急車両のマイクロバスを使い、被災者支援に動く

出しました。3月20日のことでした。

緊急対応② 活かしきれなかったロールカーペット

マイクロバスを入手する前、震災直後に反毛工程に関して連携を模索していた兵庫県のカーペット会社、株式会社フジコーから4トントラック1台分のロールカーペットが届けられました。阪神淡路大震災の経験を持つ立場として、被災地の避難所での寒さ対策がいかに必要かを迅速に感じ取っての提供の申し出でした。「避難所になっている体育館などの冷たい床に敷いてほしい。もっと必要なら次の便を出すから」とのメッセージが添えてありました。

しかし、自分たちで動くことはできず、いわき市の被災者支援品の倉庫になっていた競輪場に入れてもらえるように市の担当部局につなぎました。行政には、真っ先に避難所に運び込んで敷いてほしいと連絡を入れました。そして、その後の動きが確認できぬまま1週間が経過。実際に確認できたとき、私たちが目にしたのは倉庫に積まれたままのロールカーペットでした。

マイクロバスが入手できた段階で、自分たち自身で配って回ることにしました。しかし、そこで私たちは避難所の複雑な事情を知ることになりました。ロールカーペットを敷くのを断る避難所があったのです。「すでに家族ごとにエリアができ上がってるから、いまさらカーペットを敷くことはできない」というのが断りの理由でした。避難所を覗くと、そのエリアは段ボールと毛布を敷いてつくられたもの。「カーペットがあるとないとでは床の冷たさは大違いなのに……」と口惜しい思いをしました。でも断られたら引き下がらざるを得ません。支援用のカーペットが届いたそのときに動かなかったことを後悔しました。

発災直後の混乱期、行政は多忙を極めており、細やかな動きを期待することは難しかったのです。それは決して行政の怠慢ではなく、私たち市民が主体的に動かなければならないことを思い知らされました。

しかし、カーペットを運んでいったことで今度は避難所とつながる糸口が見えてきまし

ものて埋め尽くされてもほしいものは届かない避難所の状況

た。そして避難している人から「ほしいものが何も届かない」と聞いたことがきっかけで、避難所で御用聞きをしては、必要な支援物資の情報を全国各地のつながりのある方々に発信して集めて、避難所に届けるという活動を始めたのでした。

「とにかく記録を残すこと・情報を発信すること」

震災直後の混乱の最中でも、情報発信することを常に心がけていました。

きっかけはふたつ。ひとつは、ネット上に溢れていたいわきに関する心ない書き込みの数々。「いわきでは、老人や幼い子どもが放射能汚染の影響で命を落としている」というものもありました。正しい情報を、現地にいる私たちが発信しなければ、と強く思ったのです。

そしてもうひとつが、当時NPO法人国際協力NGOセンター（JANIC）の事務局長だった山崎唯司さんから「とにかく記録を残すこと、情報を発信することが大切」とアドバイスされたこと。

こうして私は、過去に名刺交換した人たちに、「いわき市はこんな状況です。そして、こういう支援が必要です」といった情報を届け始めたのでした。

山崎さんからは、ほかにも大切なメッセージをいただきました。

「外部からやって来るNGO系の民間支援団体は、自分たちに託された寄付金をもとに動く。寄付者への説明責任を果たそうとする。しかし、お金が切れれば撤退することは間違いない。そのときに残るのは、地域の団体だ。そのときまでに、その後に備えて地域のなかできちんと動きを整えておく必要がある」

このメッセージが、次からの私たちの動きの先を照らすこととなりました。避難所の状況が見えてきたのです。

当時の避難所はまだまだプライバシーの保護にまで目が行き届いていませんでした。たとえば、乳飲み子を抱えたお母さんたちが授乳するための目隠しになるようなスペースも用意されていませんでした。車いすを使用している人がトイレに行くのに階段を上《のぼ》り下《お》りする必要のある体育館で避難生活をしているのも目にしました。

さらに、避難している人たちが炊き出しの食べものを受け取っても生き生きとした反応が返ってこない、元気な感じに見えないということにも気づきました。

緊急対応③「自炊炊き出し」で前向きになってもらうことを提案

食の部分に関して、被災した人たちがもっと前向きになってもらえるような支援ができないか。そんな私の想いに共感してくれたのが、たまたま熊本県玉名市から支援に来ていた認定ＮＰＯ法人れんげ国際ボランティア会という仏教系のＮＧＯの事務局長、久家《くが》誠司さんです。

「阪神淡路大震災のときも、自分たちが直接支援するのではなく地元の団体とコラボしてその団体をバックアップする形で支援した」という彼らは、福島でコラボレートできる地元の団体を探していたのでした。

同じ想いを持っていることを確認した私たちは、「自炊の炊き出しができるように料理用具や食材を届け、避難している人たちに調理してもらう形で食の提供をしよう」というアイデアをまとめました。ちょうど4月になろうとしているころのことでした。

調理器具は、地元の被災を免れた金物屋で購入し、野菜はいわき市平《たいら》にあったスカイストアという農家の産直市場で、食材を調達してもらって届けることにしました。この事業を請け負ってくれたスカイストアの松崎康弘さんとは、以前から市民活動現場で行動をともにしていて、震災直後に私たちが知人から借り受けることができたガイガーカウンターの提供を通して、混乱した社会状況のなかでもつながりを維持していました。

当時、地元農家の野菜は原発事故の影響で出荷されなかったのですが、スカイストアは外からの支援物資の拠点のようになっていました。そうして集められた支援品に加えて、れんげ国際ボランティア会からの資金提供で購入した野菜や肉をさまざまな調味料とともに避難所に届け、あたたかい汁ものを自分たちが食べたい味つけで食べてもらうという形を整えました。避難所で避難生活を送るお母さんたちに腕を振るってもらうことで気持ちが前向きになってほしいとの願いで始まったこの事業は、6月の半ばまで約2万食を提供することができました。

避難所となっていた江名小学校での自炊の炊き出しの風景

食材を買い上げるために訪問した農家では、ビニールハウスのなかで収穫時期を逃して大きく育ちすぎてしまった野菜を目にし、明日からの農作業を行ってよいものか懸念する言葉を耳にしました。

このときの農家さんとのやり取りが、そして春になり季節がよくなっても耕作の準備がなされないまま放置される田畑のさまが、私たちに農家さんがひとりでもう一度立ち上がることの難しさを実感させました。このことが後に「みんなの力で作物が育つ光景だけでも維持したい。食用ではない繊維になる作物の栽培で農業を続けられるようにしたい」という「ふくしまオーガニックコットンプロジェクト」へとつながることになります。

2 緊急時こそ「地域にノウハウを残せるか」を意識して

市民を「他力本願」にするような支援活動から脱却するには？

支援に動き出した私たちを悩ませたものは、「自力」と「他力」の線引きでした。

緊急時だから、支援してくれる誰かに頼ることを、責めることなどもちろんできません。私自身も私の家族も、外部から差し伸べられた支援の手で何とか毎日をつないでこられたのは事実です。

ですが、緊急時だからこそ、「今の段階で、自分たちの手でできることは何か」を意識して動いていないと、やがて地域がまるごと「他力本願」になってしまいかねません。

あるとき見た「支援品譲渡会」の光景が忘れられません。

その会は、「ひとり何個まで」などの制限なしの譲渡会で、長い行列ができていました。受け取っては並び直す、を繰り返す人たちを見ながら、「私たちが支援と思ってやっていることは、本当に地元の人のためになっているのか」と問わずにはいられませんでした。

そんな被災地を他力本願にしてしまう支援があるからでしょう。善意に名を借りた不用品の押し付けもたくさん目にしてきました。

あるとき、10台ほどの自転車が支援品として送られてくるという知らせが入りました。被災地の悪い道路事情において、自転車の支援がどれほどありがたいことか。しかし、届いた自転車は、サドルがなかったり、ハンドルが壊れていたりといった中古の破損品ばかりでした。居合わせた自転車に詳しいボランティアメンバーが何台かを使える状態にしてくれましたが、被災地に送る支援品としてなぜこんなものを……と腹が立ちました。

先に山崎さんから告げられた「外部支援者はいずれ撤退していく。それまでに地元に残せるものを」という言葉の重みは、活動を続けるなかで日々増していきました。

市民が自ら動ける地域であり続けるために何が必要なのか。地元の団体だからこそ、強く問われていたのです。

地域にノウハウを残せる「災害ボラセン」を

いかに「自力」に根ざして活動していくか、という考えは、災害ボランティアセンターを設置しようというときにも発揮されました。

いわき市では当初、いわき市、災害ボランティアいわき、いわき市社会福祉協議会（以後、社協と表記）の三者で「いわき災害救援ボランティアセンター」を開設。4月に活動の拠点が社協に一本化されました。

そうした混乱のなか、同じいわき市内の勿来《なこそ》地区でまちづくり系の団体が独自に災害ボランティアセンター（以後、災害ボラセンと表記）を立ち上げました。団体の代表、舘敬《たちたかし》さんは友人でもあったので、小名浜でも立ち上げないかと私に声がかかり、見学にいきました。広い空き地にプレハブを建てて機能的に動いているのが一目見てわかりました。海外支援なども行うNPO法人シャプラニール＝市民による海外協力の会や、ボラセン支援のスペシャリストなどいわゆる災害ボランティアのプロフェッショナルががっちりサポートに入り、地元の人の脇を固めていました。

津波被災エリアで直接ボランティアを受け入れたほうが動きやすいという事情は、小名浜も同じです。ではどうしたらいいのか、小名浜ではどのようなやり方があるだろうかと考えました。

地域で20年以上市民活動を続けてきた私にとっては、市民が自分たちの力で運営を担い、市民にノウハウが残るようにすることが大切でした。判断材料は、山崎さんから言われた「外部支援者はいずれ撤退していく。それまでに地元に残せるものを」という言葉。そうするには、社協が運営する災害ボラセンの「支部」という形なら市民中心に運営できるのではないかと考えました。

そこで自分がメンバーにもなっている小名浜の「まちづくり市民会議」にその役割を担ってくれないかと掛け合いにいきました。「いわき市小名浜地区の将来をどうするか」という青写真を描いてきた団体でした。しかしその返答は、「自分たちは今、行政から依頼されたさまざまな支援事業を実施している最中にあり、それ以上の対応は難しい」。「それなら！」と、自分たちで立ち上げる決心をしました。当時つながりのできていた若者たちのグループに「一緒に災害ボラセンを立ち上げないか」と声をかけ、社協に「災害ボラセンの支部をさせてほしい」と直《じか》談判に行きました。当時の社協の常務理事であった強口《こわぐち》暢子《のぶこ》さんは、いわき女性の翼のメンバーとして派遣されたころからの旧知の仲であったこともあり、了承をいただくことができました。しかし、一NPO法人とこうした協働の形を採るということは、社協にとっては初めてのことであり、容易な決断ではなかったことを後に知りました。ここでもまた、20年かけて培ってきたつながりに、助けられていたのでした。

いわき市小名浜の古着倉庫を支援物資受け入れ用に提供したことで、若者たちとつながる

災害支援のスペシャリストとともに組織を育てる

「いわき市災害ボランティアセンター小名浜支部」の看板を掲げてボラセンを立ち上げたのは、4月19日のことでした。

ともに運営を担った若者たちは、自分たちでトラックを仕立てて都内から支援物資を集めて運んでくるという活動をしていたグループです。その中心メンバーは末永早夏《さやか》さんと宮本英実さん。現在MUSUBUとして活動しているふたりです。支援物資を保管しておく場所がないというので、ザ・ピープルの倉庫で預かったのがご縁のきっかけでした。

ただ、「災害ボラセンをします」とは言ったものの、私たちにノウハウがあるわけでもなく、何をどうやっていいかわからない人の集まりにすぎません。そこで、避難所の被災者に「何か困ってることはありますか?」と聞いて回り、それに対応するという形で活動を始めました。

資機材のひとつも持っておらず、社協から揃えてもらい、災害ボランティア活動支援プロジェクト会議(略称「支援P」)から週替わりで九州各県の災害の専門スタッフを小名浜に派遣してもらいました。支援Pは、企業・社会福祉協議会・NPO・共同募金会が協働するネットワーク組織で、2004年の新潟中越地震の後、2005年1月より中央共同募金会に設置されました。災害ボランティア活動支援に関し、情報交換と復興ボランティア活動への助成の実施と検証調査などを行い、経験知の継承やノウハウの構築の必要性が共有されています。

このサポートがなければボラセンとしての機能を果たすことは難しかったと思います。とくに、アスベストへの対応など、それまでまったく門外漢であったさまざまな問題への対応を、一から教えてもらいながらの運営でした。

「おばちゃんたち」だからこそできるボラセン

本当かどうかわかりませんが、災害ボランティアセンターを巡回チェックしている人たちから、私たちのボラセンは「最低ランクだった」と聞きました。にもかかわらず、足しげく

小名浜で開設した災害ボランティアセンターでの受け入れ風景

何度も通ってくれるボランティアがいるというような不思議なボラセンでもありました。

　私たちが約束として掲げていたのは、「ボランティアのバスが見えなくなるまでずっと手を振り続ける」ということ。私たちにお返しできることはそのくらいしかありませんでした。「おばちゃんたちのグループだからできる支援」は何だろうと考えた結果、できるだけ心を尽くして、おもてなしじゃないけれど精いっぱいの対応をさせていただくことだけは心がけていました。

　ですからランキングは低かったかもしれないけれど、私たちのボラセンを「いい」と言ってくれているボランティアの人もいたのではないかと想像しています。

　そしてこのときに小名浜でボランティアをしてくれた人たちが、ガレキが片づいたあとに復興支援ボランティアセンターとしてコミュニティの問題に向き合うようになっても、農家のお手伝いボランティアをするようになっても、ずっと通い続けて私たちの活動をサポートしてくれました。

　よくボランティアと被災者のあいだでいさかいがあったなどということを聞きます。たしかにケンカになった場合もあったかもしれませんが、多くの被災者は間違いなく自分の家のガラクタになってしまったものを片づけるためにボランティアが一生懸命手伝ってくれたことに感謝していました。その人たちの気持ちがちゃんとストレートにつながりあえるような場所をつくりたいと思って私たちは動いていた。今振り返ればそう言い切れます。災害ボラセンの現場は、おおむね人の善意と善意が交錯するものであり、あまり嫌な経験をしたことはなかったように思います。ほとんど休みもない状況のなかで、どうしてあれほど元気でいられたのか不思議に思えるほどでした。

ボラセンの立ち上げから軌道に乗せるまで運営していくなかで、私は「組織が育っていく」ということの本質を目撃しました。

最初はつっかえつっかえ進めていた「ボランティアを受け入れ、機材を貸し出し、現場に行ってもらう」という一連の流れも、だんだん滑らかになっていきました。

外部から来た人たちに教わりながら、ノウハウを自分たちのなかに蓄積していく。そうすることで、組織は目に見えて成長していく。そして、地域にも「自力」の文化が根づいていく。この経験と自信は、平時のザ・ピープルの活動や、後のふくしまオーガニックコットンプロジェクトでも大いに役立ってくれました。

3

複合災害がもたらした「コミュニティの分断」にどう向き合ったか

いわき特有の課題「原発×地震・津波」

震災直後、当時人口約33万人のいわき市は、地震と津波を被り、死者・行方不明者446名、全壊・大規模半壊住宅1万5197棟という被災状況。このまちに、原発事故関連で双葉郡8町村から2万4000人以上が避難してきているという状況でした。その多くは民間借上げ住宅に住み、個人情報が支援者である私たちとは共有されていませんでした。市内に建設された仮設住宅は3500戸以上。その内いわき市民向けは180戸ほどで、残りは双葉郡8町村からの避難者向けのものという「支援のねじれ現象」が生まれていました。

その要因となったのは、震災直後のいわき市の行政判断でした。

震災直後、いわき市では、仮設住宅の建設を行わず、できるだけ民間や公営のアパートの空き部屋でいわき市民の地震・津波被災者を収容したいとの基本方針を固めました。阪神淡路大震災後、仮設住宅での孤独死が多発した経験から学び、できるだけ住環境の整った住居を提供したいとの想いからの施策で、それ自体が悪いわけではありません。しかし、裏返すと、被災して苦しい生活状況に追い込まれている人々が、アパートの一部屋、一部屋に閉じ込められ、民間の支援者からはまったく見えなくなるという事態を招くことになってしまいました。個人情報保護法も大きな障壁となりました。一方で、原発避難者向けの仮設住宅は、看板つきで設置され、誰からもその住宅群に暮らす原発避難者の苦労が想像できました。

結果として、外部支援者からのさまざまな支援が、原発避難者向けの仮設住宅に集中するという現象が起きたのです。仮設住宅の集会所では、毎日のように外部支援者から提供されるイベントが催され、支援品が配られるという状況。一方、いわき市民の地震・津波被災者にとっては、自分たちの頭の上を支援が素通りしていくという感覚が強く残りました。

加えて、自然災害と人為的災害による金銭的なサポートの違いがいわき市民の被災者の神経を逆なでしました。市内の公共施設に「被災者（おそらく避難者を指しているものと思われます）帰れ」との心ない落書きが書かれたり、仮設住宅にロケット花火が投げ込まれたりといった事件も起こりました。実際に、いわき市民だけが集まっていると確認できると、原発避難者に対する非難の言葉が次々に語られました。

「スーパーマーケットが日中から混雑して長い行列がいつ行ってもできている」

「市内のアパートは満室で借りることもできない」

「医療機関は患者がいっぱいで待ち時間が長くなって困る」

挙げ句、タクシードライバーの言葉として、まことしやかに原発避難者とお金にまつわる噂話が拡散されました。実際に、私の知り合いも、それまで両親が住んでいた市内の一軒家を売りに出したところ、即座に買い手がつき、楢葉町からの避難者であるその買主から全額現金での支払いを受けたとのことでした。原発避難者はお金の不自由はしていないんだと納得せざるを得ない話でした。

青年の口をついて出た「分断の言葉」

私にとって最もショックだったのは、それまで災害ボラセンの手伝いをしてくれていた青年の口から出た言葉でした。災害ボラセンを閉鎖して、今後復興支援のボラセンを継続するべきか、そこまでで支援を終了するべきか議論を重ねている場でのこと。原発避難者に対して、地域コミュニティから隔絶してしまっている状況のなかで、サポートが必要になるという話をしていたとき、青年が口を開きました。

「そうは言っても、あいつらは毎月ひとり当たり10万円ずつもらっているって、親が言ってましたよ」

毎日のように災害ボラセンに通ってきてくれるほど支援に対して一生懸命な青年から、こうした言葉が発せられたことに私は強い衝撃を受けたのでした。

誰も声高には言わなくとも、プライベートな空間のなかで繰り返されるこうした言葉が、地域のコミュニティを壊してしまうのではないでしょうか。3・11は、尊い人命や財産を壊しただけではなく、人のつながりをも壊してしまったのです。

被災状況、補償の有無、支援の有無、元々の帰属、復興による経済活動の恩恵の度合い……。いわき市というまちでともに暮らしている人々がそれぞれの立ち位置の違いにより、まったく異なる思いを抱きながら暮らしている。そして、双葉郡8町村からの避難者といわき市民との間にある立場の違いがコミュニティのなかに亀裂を生もうとしている。被災者支援にあたる私たち自身が、眼前にたたずむ被災者・避難者の立ち位置をつかめず、探りを入れながら言葉をかけざるを得ない状況に、いわきを覆っている暗いかげを感じずにはいられない現場をいくつも目にしました。

こうした被災者・避難者と向かい合い、必要な支援の手を差し伸べる作業を行うことを意図して、私たちは「小名浜地区復興支援ボランティアセンター」としての機能を継続させることを決めました。そして、その出先機関として「小名浜地区交流サロン」の運営を2011年9月から2015年度末まで継続実施しました。

被災の有無、避難者であるか否か、いわき市民であるかなしか。そうした枠にとらわれず、地域に住むものであれば誰もが利用できるサロンとして、私たちは運営を進めることにしたのです。その運営は、いわき市社会福祉協議会のほか、International Medical Corps、認定特定非営利活動法人れんげ国際ボランティア会、特定非営利活動法人ジャパン・プラットフォーム等の助成を受けて行われました。

避難者も被災者も交流しあえるサロンに

通常、被災地で支援団体が設けるサロン活動というのは、被災者を対象にその方たちの入居する住宅の集会所などを会場として開催されるのが普通でした。しかし、いわき市に巻き起こったコミュニティの分断という課題に対して、被災者・避難者といった特定のグループのみを対象としてサロン活動を行っても、その課題解決にはつながらない。それが私たちのサロン活動を変化させていくことになりました。

復興支援ボラセンとしての活動の当初、小名浜地域のなかに設けられたみなし仮設（民間借上げ住宅）に暮らす地震・津波被災者が多くいることから、その方たち向けのサロン活動を行っていました。

しかし、この活動だけでは原発事故からの避難者と地元いわき市民とのコミュニティの課題に対しては何の解決にもならないことがわかってきました。

そこで、いわきに住むすべての人が誰かとつながりたくなったら訪ねてきてもらえる場をつくろうということになり、「小名浜地区交流サロン」としてショッピングモールの空きテナントを会場に開設しました。2011年9月のことです。ザ・ピープルの事務所をショッピングモールの

小名浜地区交流サロンで行われた子ども向け絵本の読み聞かせのイベント

空き店舗に移し、古着を販売するチャリティショップの運営もそのモールのなかで行っていたこともあり、ショッピングのついでに立ち寄ってもらえるように同じショッピングモールの空きテナントを利用することにしたのでした。

「小名浜地区交流サロン」では、災害ボラセン当時から活動に参加してくれているスタッフたちの発案でさまざまなイベントを企画し、誰でも集まりやすい場をつくろうとしました。手芸教室や編み物教室、音楽ミニコンサート、盆栽ワークショップ、ソーラーパネル手づくり教室などなど。ふらっと立ち寄っては、新聞に目を通してスタッフと茶飲み話をしているおじいさんの姿を目にすると、このおじいさんにとってここでのスタッフとの会話が楽しみであってほしいと、祈るような想いでした。

また、「常磐地区交流サロン」として、いわき湯本温泉の老舗旅館である古滝屋《ふるたきや》のロビーでもサロン活動をさせてもらいました。当時、地震の影響で施設が破損し、営業できない状態に追い込まれていた古滝屋でしたが、経営者の里見喜生《よしお》さんから「古滝屋のロビーを使っていいよ、どうせ営業してないし」と言ってもらって、開設することができました。「避難者の人たちのための日」を設け、旅館のある常磐湯本地区に住んでいる人たちのための交流サロンとして運営を行いました。

それに加えて、私たちが拠点としていたいわき市小名浜地区の津波被災者のなかには、自宅の1階は被害に遭ったけれど2階ではなんとか暮らせるという状態の人たちが結構たくさんいました。そこで、そうした状態の方たち向けに古滝屋にお連れして温泉につかってもらうというツアーも企画しました。発災直後に手に入ったマイクロバスに乗ってもらっての日帰り温泉ツアー。大好評でした。古滝屋さんとは先代からのお付き合いがありましたが、現在の経営者の里見喜生さんとのつながりが深まったのはその温泉バスツアーの実施がきっかけでした。

情報が入るのは行政とつながっているから

私たちは、災害ボラセン開設当時から、社協の開設していた災害ボラセンの「支部」として運営していたので、行政からの情報をある程度受け取ることができていました。行政側が開く支援者会議にも出席していました。それで、行政がこれから何をしようとしているか、漠然とではありますが把握することができていました。その点では、地域で活動していたほかの市民団体とはスタート時点で違った立ち位置にいたことになります。

一方、市内で活動しているほかの団体は行政から出てくる情報に接する場がほとんどありませんでした。そうしたなかで、いわき市に双葉郡からの原発避難者がたくさん入ってくることになり、支援にあたっている団体がばらばらに対応する状況が生まれました。

原発事故に関しては、長期の避難が続くことが予想されていました。当然、支援活動も長く続けていく必要性があります。それぞれの団体が単独でがんばり続けるのは限界があるだろうと思いました。それでも、もしきちんとしたネットワークがあって被災者支援という枠組みで団体同士が横につながっていれば、長期戦になっても持ちこたえられるかもしれない。

行政側にしても、民間の団体がネットワークを組んでくれて、そこに話をすれば参加するすべての団体に伝わるとわかっていたら安心だろう。そういう関係性をつくっておきたい。その想いで、いわき市内で3・11被災者に対する支援活動に取り組む民間団体間のネットワーク組織を立ち上げることにしました。

団体横断の情報共有の場を

そこで、NPO法人いわき自立生活センター理事長の長谷川秀雄さんと、社協の当時常務理事であった強口暢子さん、それから外部から支援に入っていたNPO法人シャプラニール＝市民による海外協力の会の事務局長の小松豊明さんと私の4人で話をしてネットワークを立ち上げようということになりました。2012年の6月のことで、これが「3・11被災者を支援するいわき連絡協議会」(後のNPO法人みんぷく)です。追って、長谷川さんが代表となってくれました。

設立当初のネットワークメンバーは、バラエティに富んでいました。マッサージなどを提供するグループ、寄り添い型の傾聴ボランティア、炊き出し支援などを行っている団体、交流の場づくりをしている団体もありました。途中から放射能市民測定室も入ってきて、20ほどの団体が集まりました。

広報活動もみんなで一緒に行おうということで「一歩一報」という広報誌を出して、そこに各地域で展開した交流サロンの情報などを掲載しました。協議会はその後、NPO法人格を取得し「みんぷく」という名前に変わりました。「みんぷく」というのは「みんなが復興の主役」という意味。みんなで考えた名前です。

団体相互の情報交換や広報活動だけでなく、もっと気軽に立ち寄れる場所を合同でつくろうということで、市内のいろいろな商店に協力してもらって、店の一角に交流スペースを設ける「まざり～な」という仕組みもつくりました。

協力店には店頭に目印となるステッカーを貼ってもらいました。多いときは市内各地に十を超える店舗の協力を得ました。支援団体共同で避難者を募集してのバスツアーを企画したり、「まざり～な」を中心にまちなかを歩いて見て回るお散歩会を企画したりと、ネットワーク組織の強みを活かした活動が重ねられていきました。

ネットワーク組織の形骸化

みんぷくは、設立後数年はネットワーク組織としての機能を維持していましたが、次第に実務能力のある組織へと変貌を遂げていくことになりました。ある程度日常の生活が戻ってきた時点で、組織を維持するためには人材と財源の確保が必要であるという経営判断から、福島県からの委託を受けてコミュニティ交流員の事業を受託。一時期は１００名以上のスタッフを抱える組織へと急成長を遂げました。

こうした組織の成長は必要なことだったのだろうと思います。しかし、その半面、民間の支援団体のネットワーキングという機能を置き去りにしてしまった急成長に、何かが違うという感覚を私自身は禁じ得ませんでした。

災害対応のネットワーク組織の必要性を、震災を通して強く認識した私たちですが、震災後の時間の経過のなかでこのつながりは形骸化し、残念なことに2019年の令和元年東日本台風の被災時には、ほとんど機能することができませんでした。福島県と交わしていた委託業務に関する仕様書のなかに災害時の対応が盛り込まれていなかったことが理由で、せっかくのコミュニティ交流員という人材がまったく活かされずに終わってしまったのでした。しかも、災害対応の民間団体のネットワーク組織として情報を共有するハブの機能も果たせませんでした。

平時からの備えとネットワークの重要性を痛感していたはずの、震災体験者である私たち。自分自身の意識の希薄化に、愕然としました。このことがあって、私自身はそれまで副理事長として関わってきたNPO法人みんぷくの運営から身を引くことにしました。立ち上げ時から関わってきた組織だけに残念な想いはありましたが、「何かが違う」という気持ちが払拭できないままにその場に身を置き続けることができなかったのです。

震災から1年。祈りの舞を、いわきの地で。

話を、交流サロンのころに戻します。

「分断を乗り越えるためには何が必要だろうか」

当時の私はそのことばかりを考えていました。

原発避難民と、被災したいわき市民の両方の人が来られるようなイベントをやってみたり、それはもうなりふり構わずに突き進んでいました。

そんなあるとき、れんげ国際ボランティア会の方から、文化による支援の話を持ちかけられました。

人形浄瑠璃と韓国の楽器の共演を進めてきたグループから、「文化を通して被災地に元気を届けたい」との相談を受けた同会が、私たちのもとに公演の依頼を持ち込んできたのでした。

当時はまだ、目の前の日常のこと、どうやって毎日をつないでいくかで精いっぱいで、それ以外の、特に音楽などの文化的なことに気を回す余裕はまったくありませんでした。

白状すれば、必要性すら感じていなかったのです。

ただ、お世話になっているれんげ国際ボランティア会を介しての話ですし、いわきまで来てくれるというので、イベントとして企画し、市内のショッピングモールの広場で開催。私も主催者のひとりとして、鑑賞しました。

……これが、本当に素晴らしかった。

気づけば大粒の涙を流し、

「ああ、人間って、生きるうえでこういうものが必要だったんだ」

と心が震え、震災以来初めて全身の力がゆるんでいくのを感じました。

同時に、

「こういうものが日常に溢れていれば、分断もなくなっていくだろう」

という確信も芽生えました。

震災後、初めて文化に触れる。小名浜のショッピングモールで開催されたイベント

以来、サロンでは芸術系のイベントもたくさん開催しました。今から振り返れば、「心の復興」ということになるのだと思います。

震災から1年が経った際の追悼イベントでは、オーストラリアから、ウラン採掘現場であるエアーズロックの周辺に居住する先住民アボリジニのグループを招聘《しょうへい》し、アートで犠牲者への「祈り」を捧げてもらいました。同時に、世界各国の民族の「祈り」のパフォーマンスも披露し、いわき市民もじゃんがら念仏踊りを行いました。

音楽、舞踊、美術。

復興への祈りを、ふくしまの地でひとつに。

垣根が取り払われ、あらゆる人がともに手を携えて未来をつくっていく——そんな強いビジョンが舞い降りてきました。複合災害がもたらす分断を乗り越えていくためのエネルギーを、アートからもらったのでした。

世界の祈りのパフォーマンスが演じられた、震災1周年アニバーサリーイベント

4 「いわきが学ぶべきは水俣だ」――すべては対話から始まる

「地元学」提唱者との出会い

いわき市民と原発事故からの避難者との間に起こった分断が深刻化するなか、私自身のなかで、偶然の出会いによって与えられた「水俣」というキーワードが大きくなってきました。私自身が熊本県水俣市を訪問することで得られた学びを伝えるなら、それは子どもたち。分断を断ち切りたい想いが中高生水俣派遣事業へとつながりました。

そもそもは、2011年5月に都内で行われたシンポジウムで、水俣の「地元学」を提唱している吉本哲郎さんに偶然お会いしたこと。吉本さんは、水俣の地域再生のためにさまざまな取り組みをされた方で、取り組みを通じて地域の宝を住民自身が評価して地域の価値をつくり出していきましょうというようなことを学問的に提唱された方です。

その吉本さんとたまたま昼食の席が隣同士になりました。

「どこから来たの」と尋ねられて「いわきから」と答えたら、突然、一言、

「いわきが学ぶべきは水俣だ」

とおっしゃったのです。


これを聞いたのは、まだまだ震災の爪痕が生々しい状況にあるときで、自分の目の前にある地震と津波の被災者への対応に追われていたので、まったく腑に落ちませんでした。ところがその後いわきに原発避難者が大勢移り住むようになり、それによって地域のコミュニティがだんだん壊れていく様子が見えてきました。時間の経過とともに、この一言がどんどんどんどんリアリティをもって迫ってきました。

水俣病の患者さんと周辺のチッソ関係者との関係性や、地域全体を覆ったイメージの悪化、漁業者が有機農法で夏ミカンを栽培したこと、環境首都に指定されたことなどの一連の流れを知るにつけ、「ああ、これがこれからいわきの歩んでいく道筋なんだな」と感じられました。吉本さんとの出会いが、この後の活動に非常に大きな示唆を与えてくれたのです。

いわきの子どもと共有したい。水俣での大きな学び

災害ボラセンを立ち上げる前に、認定NPO法人れんげ国際ボランティア会と出会い、サポートをいただきながら避難所での自炊の炊き出しを始めていたことも、私たちの背中を押してくれました。れんげ国際ボランティア会も熊本県の団体でした。私たちは熊本とのご縁のようなものをそのときから感じていて、5月に吉本哲郎さんに会って「学ぶべきは水俣」と言われて、水俣といえば熊本県だなと意識していたのだと思います。

２０１１年9月、長期にわたる支援のお礼を伝えるため熊本のれんげ国際ボランティア会を訪ねることにしました。そのときに「もしできることなら水俣に行きたいのだけれど」と、同会の事務局長である久家誠司さんに相談をしたのです。すると、久家さんがアレンジしてくれて、さまざまな立場の方たちとお会いして学びを得ることができました。

熊本への訪問は一度に留まらず、次には地元でともに被災者支援を行っている仲間を募って行くことにしました。それぞれの参加者の胸のなかに、この訪問は大きな明かりを灯したと感じています。たとえば、そのうちのひとりで旅館、古滝屋の里見喜生さんは、

その後、旅館のなかに原子力災害考証館furusatoを立ち上げました。おそらく水俣病歴史考証館を見学したことが大きく影響したのだろうと思っています。

私にとっても、原発避難者と地域との融和をどのようにしていったらいいのか、どのように考えていったらいいのかという点で、水俣で見たり聞いたりした話が本当に大きな学びになりました。

その「学び」をいわきの子どもたちとも共有したいと思って計画したのが「水俣への中高生の派遣事業」。大人たちの意識を変えるのはなかなか難しいけれども、気づきの機会を若い人たちにつくりたいと考えての事業でした。

前節でも触れましたが、家庭のなかでの避難者に対する差別的な発言は、子どもに影響が残ってしまうと感じていました。それを食い止めるために、若い世代にこそ気づきを得てほしいと考えていました。

再びれんげ国際ボランティア会と連携へ

翌2012年から水俣地域にいわきの中高生を連れて行こうという計画がスタートしま

した。

第一陣は2012年の夏休み。いわき市内15人の中高生を水俣に派遣することにしました。引率はいわき市立湯本第二中学校の校長先生をしていた澤井史郎さん。「夏休みならいいよ」と引き受けてくれました。

澤井校長は教育者としても素晴らしい方ですが、湯本第二中学校内に設置された避難所の運営にも目を見張るものがありました。学校で学ぶ子どもたちと避難者とがちゃんと交流できるような仕組みをつくっていたのです。避難している人たちに避難所運営のための役割を分担してもらい、生徒たちとの接点も設けて子どもたちが避難者の誕生日に「お誕生日おめでとう！」と声をかけるようなふれあいが生まれていました。そして、避難所からダイレクトに情報発信することにも取り組み、自分たちの避難所に全国から直接支援品を集めてもいました。

一方、熊本県側では再びれんげ国際ボランティア会が受け入れ態勢を整えてくれました。今回も事務局長の久家さんにお世話になることになりました。

れんげ国際ボランティア会という団体は、国内の災害だけでなくミャンマーやチベット難民居住区などへの支援でも国際的に評価されていて、行政からの信頼も厚いものがあります。そうしたことから、派遣事業のなかでいわき中高生による熊本県知事への表敬訪問も実現。その面談の席上、くまもんが応援に駆けつけてくれるというような場面まで設定していただきました。

このツアーの企画には、九州一円の焼酎瓶のリユース&リサイクルを一手に担っているエコボみなまた・田中商店の田中利和さんなど、さまざまな立場の方々が協力してくれました。公設の水俣市立水俣病資料館と民間の水俣病歴史考証館の双方の展示を見比べることで、伝えることのどこにウエイトがあるのかを気づかされたりもしました。さらに、この研修の現場に水俣病センター相思社理事の遠藤邦夫さんも加わったことで、学びは一面的なものではなくより深いものにと変わりました。

行政側が抱いている水俣病に対しての考え方と、現実に水俣で起きたことを水俣病の患者さんの側に立って伝えようとしている人たちの考え方は、違っていて当たり前だと言えると思います。水俣病の患者さんを取り巻くあつれきやさまざまな問題に、患者さんの側

水俣病歴史考証館で遠藤邦夫さんの解説に耳を傾ける派遣メンバー

に立って立ち向かうという立場を取ってきた人たちの視点でいろいろな話を聞かせてくれたのが、水俣病センター相思社の遠藤さんでした。

大切なのは対話

遠藤さんが水俣病歴史考証館で中高生たちを案内し、話してくれたことは、まさにいわき市民や原発避難者が直面していることでした。

「自分たちは、戦う相手としてチッソや行政を見ているわけではない。それでは何も解決しない。お互いきちんと会話を交わしながら、どういう形にしていったらよりよくできるか、相手の立場も考えながら物事を進めていかなきゃいけないんだということを、闘争を経たいま、自分たちはすごく大切だと思ってる」

「避難している人たちに対して周囲から聞いている話ではなく、自分たち自身が考えたり、地域というものの大切さを感じたりしてほしい」

そうした話をいわきの中高生たちは聞いたのです。

「一方はチッソで、一方は東京電力。大企業による理不尽な災害ではあるけれども、戦いではなく、話し合いで解決していくんだ」ということ。

そして「住民同士がいがみ合ってはいけない。向くべき方向が違うんだ」ということ。

こうしたことを、直接若い彼らに話してくれたことに大きな意味があったと思っています。

「伝えなければ伝わらない」

もうひとつ、水俣派遣では農家さん宅での宿泊も体験させてもらいました。それを、農家民泊のプログラムが整備されていた鹿児島県出水《いずみ》市で、県をまたいで行ったのです。出水市は、県は違えども水俣市に隣接している市です。

そこで彼らは出水市の中学生たちと交流の時間を持ちました。話が弾むと、いわきの中高生から水俣病に関する話題なども出てきました。いわきの子どもたちは派遣される前に水俣の歴史について勉強もしていましたし、訪問も最終日に近かったので、水俣を中心とする地域で昔どういうことが起きたかをすでに理解し、そこからさまざまなことを考えていました。

ところが、出水市の中学生たちは、水俣病のことをほとんど知らなかったのです。いわき市の子どもたちはそこに衝撃を受けました。県は違っても隣り合って同じ海に面し、出水市側でも水俣病が発生しているにもかかわらず、現在の地元中学生たちはよく知らない。熊本県の子どもたちは社会科見学などで必ず水俣に行くのに、鹿児島県では地元に起きたことを子どもたちに伝えようとしてこなかった……。

教育というものがどれだけ大切かということを改めて感じました。いわきの子どもにしてみれば自分たちが学んでいって言葉を交わしたからわかったことです。「伝えないと伝わらないいんだ」ということは、彼らにとってとても大きな学びになっただろうと感じられる出来事でした。

熊本に地震が。今度は、いわきの子どもたちが。

そしてこの事業を４年続けたあとの２０１６年４月に熊本地震が起きました。そのときから派遣事業は中断してしまいました。

しかし、熊本地震のニュースが入るとすぐ、過去に派遣された中高生たちが自ら動いてくれました。「とにかく熊本の支援をしたい」と言って。彼らは街頭に立って募金を集めました。なんと、100万円ものお金を集めることができたのです。私がその浄財を預かって現地入りし、自分たちの被災時の体験をもとにお手伝いをさせてもらいました。

水俣への中高生派遣事業は4年間しか行っていない事業です。何を残せたんだろうと思うこともあります。でも、その4年間の間に少なくとも60人ほどの子どもたちを派遣できました。彼らにとって人生の学びになったと信じています。

これから一歩を踏み出すあなたへのメッセージ❷

「地域に何を残すのか」を対話し続けるということ

「伝えないと、伝わらない」

水俣との連携で強烈に感じたこのことを、あなたは当たり前だと思ったでしょうか。同じまち、同じ地域に暮らすと言っても、当然一人ひとりは違う人間です。伝えなければ伝わらない、というのは当たり前です。

ですが、このことを頭ではわかっていても、実際に「伝える」、もっといえば「伝え合う」ことができる関係性をつくり、維持し続けることはとても難しいもの。東日本大震災からの復興に10年以上携わってきて、いつも思い知らされるのはこのことです。対話を失ったままでは、市民活動はいずれ瓦解してしまいます。

特に伝えたいのは、「まちに何を残すのか」について、対話を積み重ねること。それは、緊急時であっても、平時であっても変わりません。

外部からきた人や組織は、いつか去ります。そのことを忘れ、提案されたことをやることに一生懸命になり、せっかくの活動が持続しないという話はよく聞きます。

大事なのは、そんなときでもまちにそれまでの活動が培ってきたノウハウ、そして一人ひとりが活動を通して紡いできた想いといった財産が残っていること。残ってさえすれば、背中を見て育った次の世代が、それを活用することもできます。

1990年から活動していたザ・ピープルですら、対話を怠り、人が離れ、活動が停滞したことは一度や二度ではありません。2023年には、私自身が健康上の問題もあって現場から離れることになりました。それでも、いわきではまさに今、新しい世代が立ち上がり始めているのです。

伝えるべきことを伝え、対話を重ね、地域に何を残すために活動しているのかを、常に意識する。小さな一歩から大きな変化を生んでいくためには、自分たちの世代で閉じずに「何を残すのか」の視点が欠かせません。これからを生きるあなたも、ぜひ意識して歩いていってください。

3

一人ひとりの「想い」を紡ぎ、仲間とともに変える

「復興後」の未来を、
オーガニックコットンに見た理由

私には、忘れられない風景があります。

震災と原発事故の複合災害がいわきにもたらした一番の「苦しみ」は、前章でも述べた通り「コミュニティの分断」でした。

津波で被災したいわき市民は、その支援体制の違いから「あいつらだけ、どうして……」とこぼし、原発事故から避難してきた人たちは、そうした視線を感じ取り「いつまで経っても受け入れられない」と嘆く。

復興支援ボラセンやサロンを運営して、その両者をつなごうと奔走していましたが、私はいつもこう思っていました。

「コウモリみたいだ、わたし」

被災したいわき市民の前と、原発事故避難民の前で、使う言葉も、見せる顔も、変えざるを得なかったからです。溝を埋めようとしているはずの私が、かえって溝を拡大するような振る舞いをする日々に、無力感と自己嫌悪でいっぱいでした。

しかし、そのわだかまりが解けた、と私に感じさせてくれたのは、それまで20年以上向き合ってきた衣類のもとになるコットンを育てる「畑」でのことでした。

避難者というラベルも、いわき市民というラベルも、ない。

一人ひとりが、一人ひとりの人間とつながっていくことは、可能なんだ。

コットンの収穫に汗をかき、その収穫を互いに祝い合う風景からは、直前まであったわだかまりは、もうどこにも感じられなかったのです。

コミュニティ分断の危機は乗り越えられると確信させてくれた「あの日の畑」は、「ふくしまオーガニックコットンプロジェクト」がつくりあげたものでした。震災復興や農家支援という文脈を超えて、コミュニティの再生、そしていわきを支える次世代の育成へとつながっていったこの取り組みについて、その成り立ちからご紹介していきましょう。

1 農家も畑も元気にできる解決策「和綿栽培プロジェクト」

生業を奪われた農家を救えるか

困窮する農家を救う手立てはないのか——。

震災からの復興に向き合うなかで、私たちの前に立ちはだかったのは、震災と原発事故の複合災害によってつくるという生業《なりわい》を奪われた農業者たちの深いため息でした。

復興に向けて歩き出したくても、つくった農作物は「内部被曝《ひばく》するかも」という風評の前に出荷もできず、次の栽培の計画すら立てられない有り様だったのです。

ザ・ピープルに20年の蓄積があるとはいえ、農家の方々の支援などは当然「専門外」のこと。どこから手をつければいいいか、皆目見当もつきませんでした。

しかし、打開のきっかけは、これまで紡いできたつながり、そして私たちザ・ピープルがよく知っている「コットン」がもたらしてくれました。

足掛かりになった地域リーダーへの支援

「ふくしまオーガニックコットンプロジェクト」は、福島県が原発事故の被災地だったということが背景にあるプロジェクトです。

きっかけは「結結《ゆいゆい》プロジェクト」という、被災地の地域リーダーへのサポートを目的とした事業でした。女性の社会進出を支援している認定NPO法人「女性の活力を社会の活力に」(JKSK。当時の理事長　故・木全《きまた》ミツさん)が行う事業で、全国で活躍する女性リーダーと被災地のリーダーが「車座交流会」を開き、そこで提案されたことを被災地で事業化して復興につなげていこうと企画された一泊二日のツアーです。私は2011年7月に宮城県亘理《わたり》町で開かれた1回目のツアーから声をかけていただきました。

そのときに、出会ったのが一般社団法人ロハス・ビジネス・アライアンス共同代表の大和田順子さんと、オーガニックコットン業界のトッププランナーである株式会社アバンティを創業した渡邊智恵子さんでした。渡邊さんは、ザ・ピープルが地域で長年行ってきた「古着を燃やさない社会づくり」に強く共感してくださいました。また、私のほうでも、繊維産業の始点であるオーガニックコットン栽培を日本国内で広げたいという渡邊さんの目指すところに共感し、つながりたいとの想いを抱きました。

このとき、私の脳裏をよぎったのが、原発事故後の情報不足のなかで困窮する農業者たちの苦しむ姿でした。農作物によって内部被曝の危険性があるという情報が広がっている当時の状況では、直接野菜などの栽培に手を出すことは到底考えられません。また先述の通り、支援する私たちのほうも農業の経験もないため、収穫物の味で評価が分かれるような作物の栽培自体、私たちに行えるとも思えなかったのです。

だからこそ、渡邊さんの話に私は一筋の光明を見た想いでした。直接口にするわけでもない、繊維になる作物であり、そのなかでも羊毛やシルク、麻などに比べてハードルの低いコットンであれば、私たちでも今すぐ農家さんの力になれるかもしれない。「チャレンジするなら、コットン」。そんな漠然とした感覚を抱いて、ツアーを終えました。

ツアーからの帰り道、大和田さんが、亘理町の北側に隣接する岩沼市でコットンの栽培をしているから見にいかないかと誘ってくださいました。大和田さん、私、そしていわき湯本温泉で旅館業を営む古滝屋の里見喜生さんの3人で見学に行きました。

仙台を中心に「東北コットンプロジェクト」という被災地の農家支援が始まっているのは新聞などで知っていました。しかしその取り組みが自分たちとつながるものという意識は当時はありませんでした。見学した岩沼市のコットン畑は、マイファームの西辻一真さんが行う東北復興支援プロジェクトの一環で、塩トマトとオーガニックコットンの栽培が進められていると教わりました。いわきよりずっと北に位置する仙台でも育つということ、津波による塩害を受けた砂地でも元気に生育していることに驚き、自分たちにも手の届く取り組みだという感覚が、一挙に私のなかに芽生えてきました。

「福島でもコットンを育てたらいいかもしれない」「原発事故で苦悩する福島の農家さんの支援になるかもしれない」という想いは、徐々に確信に変わっていったのでした。

宮城県岩沼市で目にした、コットンが津波被災地で育つ様子

「ふくしまオーガニックコットンプロジェクト」立ち上げへ

「だったらオーガニックコットンを植えてください。収穫したものはすべて買い取ります」

渡邊さんのこの言葉に、私はハッとしました。付加価値の高いオーガニックコットンを栽培して原綿を売って、それで事業が回るのだったら、農業の素人である私たちにも取り組むことができるかもしれない。「次への希望が持てる！」と直感し、背中を押してもらえた想いでした。後に渡邊さんから、「この提案は私たちにとっても最大のものだった」と言われました。メイド・イン・ジャパンのオーガニックコットンにこだわってきた第一人者が、私たちのためにリスクを取って挑戦してくれたことに、今も感謝の気持ちが絶えません。

ツアーに参加する直前、地球環境基金から「新しく震災復興の助成金枠を設けるから応募しないか」と連絡をいただいていたことで、資金的な目途が立つ可能性があったことも私の気持ちを前向きにさせてくれました。地球環境基金は、ザ・ピープルが古着リサイクル関係でそれまでにも数年にわたって事業助成いただき、お世話になっていた基金です。そこで急いで助成金を申請し、２０１１年10月に「いわきオーガニックコットンプロジェクト」（後に「ふくしまオーガニックコットンプロジェクト」と改称）を立ち上げることになりました。

その後、地球環境基金の復興支援事業枠での助成金は、このプロジェクトの財務基盤の大きな部分を占めることになりました。こうした助成事業では、通常は単年度助成が基本で、毎年事業計画を提出します。単年での計画で常に新規性を求められるという苦しさを抱えながら走るのがよくあるパターンですが、地球環境基金の場合は3年単位での事業計画を求められ、そのなかで一定の成果を生んでいけば3年間の安定した事業運営が認められるというものでした。また、人件費が認められているということも助成事業としてはありがたいことでした。「ふくしまオーガニックコットンプロジェクト」はまさに走り出しの時期から、その時々のフェーズの変化に対応して事業内容を変容させながら、地球環境基金の助成を受けて10年以上走り続けることになったのでした。

ただ、当初はプロジェクトを長く続けていくことまでは考えていませんでした。原発事故の影響で耕作放棄された

オーガニックコットン栽培を後押しする言葉をかけてくれた渡邊智恵子さん

農地に草が生い茂り誰も手を出せない状態になっていく。それをコットン栽培によってみんなで食い止めて、農家さんに元気になってもらえたらいい。農家さんが再び作物を育てられるようになるまでの〝つなぎ〟でいいと考えてスタートしたプロジェクトだったのです。

プロジェクト立ち上げ時の２０１２年1月に、アバンティの渡邊さんの紹介で信州大学繊維学部において続けられているコットンの試験栽培の圃場《ほじょう》を視察しに行きました。和綿などさまざまな種類の栽培を試験的に続けているというので、これまで被災者支援などでつながっていた仲間や農家さんたちも誘って、一緒に話を聞きに行ったのです。コットン栽培の素人がほとんどでしたが、栽培方法などを一から教えていただいたことで栽培に少し自信が持てました。そして信州大学由来の茶色い和綿の種をいただき、さっそく4月に種を蒔こうということになりました。

信州大学で初めてコットンの栽培について学ぶ

「茶色い綿」に託したプロジェクトの想い

コットンと一口に言ってもさまざまな種類があります。どんな種類を栽培するかということは重要でした。日本の在来種である和綿に対して、世界で一般的に栽培されている洋綿もありますし、色も白だけではなく茶綿と呼ばれる温かみのある自然の茶色い綿もありました。

どんな品種を栽培しようかと議論になったときにアドバイスをくれたのも、アバンティの渡邊さんでした。

「一般的な白の洋綿を育てて大量栽培したほうが利益率はよいかもしれないけれど、それでは差別化できないので和綿で茶綿を栽培することで差別化していけるのではないか」

私たちはそのアドバイスに従って栽培品種を決めました。和綿で茶綿。収穫量は少なく、繊維長が短い品種のため決して繊維製品をつくることに適している品種とは言えません。加えて、色がついているので製品化をするときにハードルとなる可能性もありました。

けれども国内のきちんと技術のある工場で洋綿の白いオーガニックコットンとミックスして繊維製品にすれば、薄茶色がわずかに残る製品にすることができる。そして、染めることなく薄茶の色が残ることで私たちのこのプロジェクトへの想いを色にのせて表現できると考え、あえて「和綿で茶綿」を選択しました。そして、栽培は有機農法にこだわる。この選択は今も私たちのポリシーとして貫いています。その後事業の方向性に迷いが生じることも少なくありませんでしたが、福島からの取り組みであるからこそ、環境に負荷をかけない形を探るという姿勢は堅持しています。

地域課題解決の専門家による伴走を得て

このような準備を進めながら、２０１１年12月にいわき市で催された2回目となる結結プロジェクトの車座交流会で、コットン栽培のプロジェクトを立ち上げたことを報告しました。そして、第1回の車座交流会のあと一緒にコットン畑を見ていたロハス・ビジネス・アライアンスの大和田順子さんから応援の申し出があり、この後「ふくしまオーガニックコットンプロジェクト」にさまざまな側面からアドバイスしていただくようになりました。この大和田さんの伴走を得たことで、私たちのプロジェクトが社会的にどのような意義を持ち得るのかという視点を得ることができました。

被災地で地域課題に向き合う活動主体にとって、当時は、ある意味「震災バブル」と言ってもいいような状況が押し寄せてきていました。被災地復興を目指す事業であれば財源を見出すことはそう難しいことではなかったのです。しかし、その事業が果たして社会にとって、未来にとって意義あるものになり得るのかという疑問は常について回りました。そんなとき、日本にロハスという概念を紹介し、『日本をロハスに変える30の方法』や『ロハスビジネス』等を執筆され、ロハスの普及活動に尽力されていた大和田さんに関わっていただき、長期展望に裏打ちされた指摘をいただけたのはありがたいことでした。

ふくしまオーガニックコットンプロジェクトとSDGs

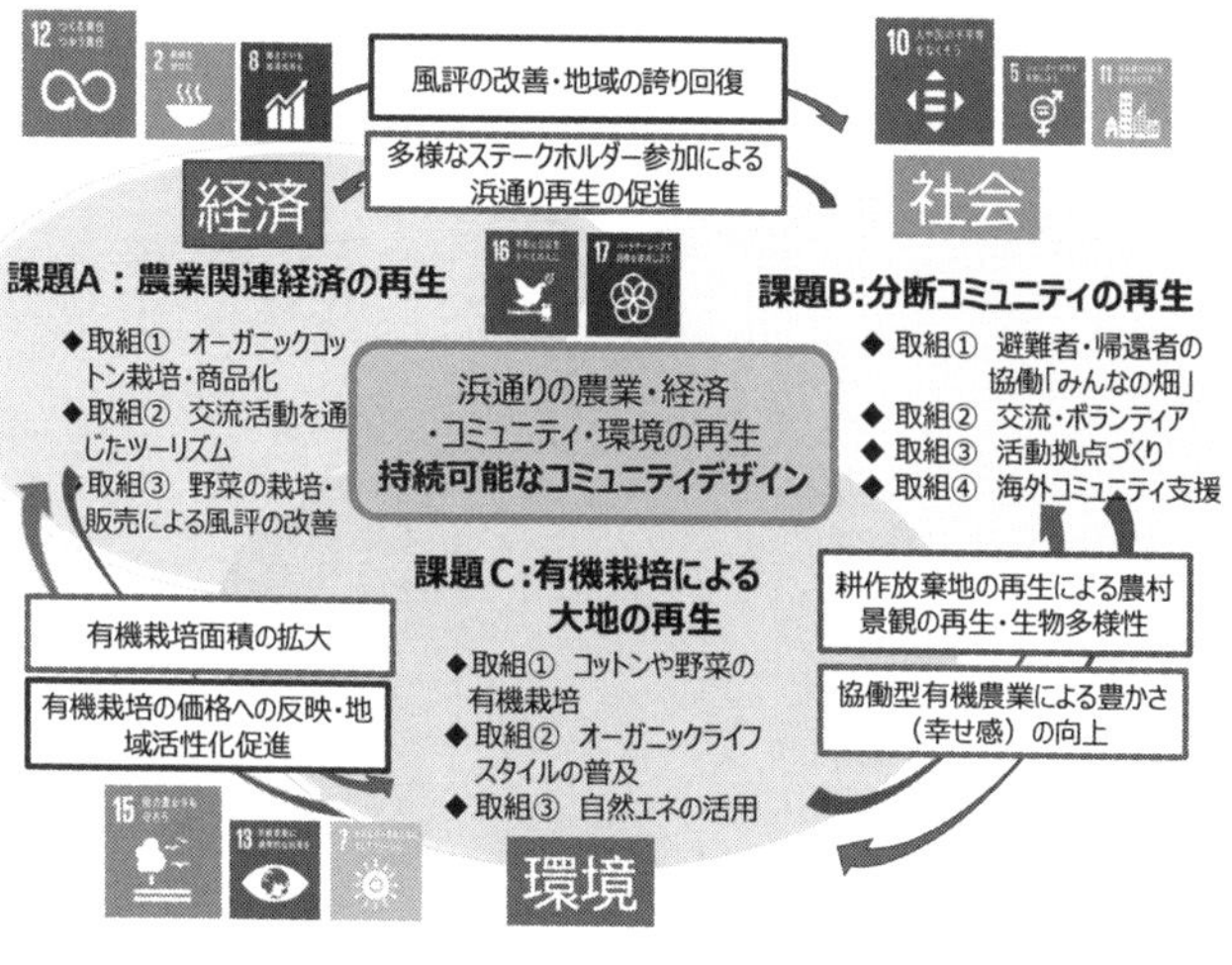

近年では、「ふくしまオーガニックコットンプロジェクト」とSDGsの多くの目標とがどのように合致するのか、整理・検証を重ねてくださいました。

ここに1枚の関係図があります。大和田さんが、ふくしまオーガニックコットンプロジェクトとSDGsの関わりを社会・経済・環境の分野ごとにまとめてくださったものです。私たちがそのすべてを達成できているわけではありませんが、このプロジェクトを進めることでSDGsの多くの目標にアプローチできることを確認できる図として、私たちの活動を支えるバックボーンとなっています。

畑の数だけ物語が生まれた

コットン栽培の畑は、それまでの活動のなかでつながりのあった農家さんをはじめとして、参加を呼びかけて確保しました。震災の後、津波被災地でがれきの片づけをお手伝いしていたことでつながった農園。大きな余震の後に簡易水道が機能しなくなってしまった中山間地《ちゅうさんかんち》の集落への飲料水の提供がきっかけでつながった畑。緊急フェーズで行ったそれまでの活動が、橋渡しをしてくれたのでした。プロジェクトを代表する畑と、そしてそこでどのような物語が生まれたのか、ご紹介しましょう。

継続の重要性を教えてくれた「伊藤農園みんなの畑カジロ」

「土を触っちゃいけない」

震災のあと、福島の子どもたちはみなそう言われるようになってしまいました。小名浜上神白《かみかじろ》地区で近くの小学校の学校田として、震災の前は学校の子どもたちに稲作体験を提供していた伊藤さんご夫妻の田んぼも、同じ理由ですべて返還されてしまいました。ご高齢の園主、伊藤さんご夫妻にとって自分たちで稲作を継続することは難しい。「それならコットン畑をやってみませんか？」とお話ししてコットン栽培が始まりました。後日、その畑は「伊藤農園みんなの畑カジロ」と名付けられました。

コットンは、乾燥したところを好み、砂地が栽培適地と言われるほどの性質を持っています。伊藤農園はもともと

伊藤農園みんなの畑カジロでの農作業に集まる

水田だったところなので、当初は粘土質の土壌に苦労して、なかなかうまく育ちませんでした。イノシシが出て畑の周りを荒らしまわるということもありました。元来、コットンの種子に含まれるゴシポールという成分の影響（哺乳類の雄の生殖能力を極端に低下させると言われています）で、コットンの枝や実自体をイノシシが荒らすことはないのですが、周囲の土のなかにいるミミズを狙ってイノシシが畑に入るということが繰り返されたのです。

優等生の畑とは言い難い作柄が続きましたが、栽培を続けているうちに少しずつ土の感じが変わりました。わずかですが収量も上がってきています。条件がよくなくても、継続することで状況は変えていけるということを学ばせてもらっている畑です。圃場全体の面積は4反。規模的にも伊藤農園での栽培はプロジェクトのなかで大きなウエイトを占めており、原発避難者の人たちと一緒にコットン栽培を進める際の拠点ともなっています。

「ブラウンコットン」に見た震災体験の伝承の可能性

「ブラウンコットン」では、園主の鈴木京子さんと地元の学校法人昌平黌東日本国際大学の学生たちが想いを共有する畑に成長しました。そのきっかけは、震災から8年後の2019年に起こった「令和元年東日本台風」による被災でした。

ブラウンコットンは夏井川の河川敷に畑があったので、この台風19号のときには河川の決壊により甚大な被害を受けました。畑全体が泥の海のなかに飲み込まれてしまう非常事態。加えて、農家さんのご自宅も床上浸水してしまいました。その状況を見た、これまでボランティアでコットン栽培の手伝いに来てくれていた学生たちが、畑だけでなく鈴木さんの自宅のお掃除も手伝ってくれたのです。

その後、河川改修工事のために畑の場所は変わりましたが、移転先の畑でも同じように学生の手を借りた栽培が続きました。畑に立てられた看板も学生がアイデアを出し合ってつくったものです。

ブラウンコットンに通ってきてくれている学生のなかに、小学校でコットンを栽培した経験があるという女子学生がいました。小学3年生のときに、いわき市立久ノ浜小学校で体験したというのです。「当時はどんな意味があるのかわからずに栽培に加わっていたけれども、こうしてまた大学生になって栽培に関わったことで、いろいろなことに

ブラウンコットンでの大学生による収穫作業

気づかされた」と言ってくれました。コットン栽培を通した震災体験の伝承の可能性を改めて実感させられた体験でした。

ひとりの市民の活動が地域を変えた「天空の里山コットン畑」

いわき市四倉町《よつくらまち》上柳生《かみやぎゅう》地区に「天空の里山」と呼ばれているエリアがあります。いわき市立フラワーセンターの奥、石森山自然環境保全林を挟んで向かい合うような場所にあります。かつて果樹栽培が行われていた地区ですが、地域に暮らす人々の高齢化が進み、耕作放棄地が急速に拡大していました。そのうえ、震災の影響により地域で踏ん張っていた専業農家が先行きを不安視して自死してしまうという悲しい出来事もあり、地区全体に広がる耕作放棄地は７万５０００坪にも上りました。

こうしたなかで、ご縁をもたらしてくれたのは、この地域に再び活気を取り戻したいと動きだした農家、福島裕さんです。彼が私たちのプロジェクトを訪ねてくれたことで、２０１４年から有機農法でのコットン栽培が始まり、その後ご自身の農業を有機農法に切り替えたことで、福島さんの有機農法に学びたいと人が集うようになりました。

現在、２０１８年に公益財団法人住友財団の支援を受けて整備した「天空の家」と呼ばれる交流施設を中心に、年間8000人を超える人々がこの地域での有機農業を楽しんでおり、地域の農作物を活用した食品加工場の整備も進められています。天空の里山に集う方々のなかで、コットンの栽培から糸紡ぎ、手織りにまで興味を持つ女性グループ「織姫の会」が生まれ、活動を着実に重ねています。さらに、このエリアの有機農業を継続できる仕組みをつくり上げようと、いわき市と連携する形での市民農園の事業化がその緒に就こうとしています。

このコットン畑に歌手の加藤登紀子さんが来てくださったことがありました。2018年9月、NHKの「きらり！えん旅」という番組の企画で取り上げていただいたのです。季節はまさにコットンの収穫期。加藤さんがご自身の手で柔らかなコットンを摘み取る映像を撮影した後、天空の家で

上：四倉町にある天空の里山にて。来訪者に地域の説明をする福島さん
下：天空の里山のコットン畑に加藤登紀子さんがやってきた

加藤さんを「織姫の会」のメンバーと福島さんの奥様やお母様が手料理でもてなす場面が撮影されました。和やかな交流のひと時。いつもテレビの向こう側で素敵な歌声を聞かせてくれている加藤さんが自分の隣にいることに感動したお母様が、突然、知床旅情の歌を口ずさみ始めました。すると加藤さんが一緒に歌い、その場に居合わせた全員の歌声の輪になりました。翌日、いわき市文化センターで催された加藤さんのソロコンサートにお招きいただいた私たち。どれほど幸福な時間だったでしょう。コットンの種が運んでくれた最高のプレゼントでした。

コットン収穫時期に、遠野町のみいこ畑に来訪した人たちとの集合写真

都市と農村の交流を育む「みいこ畑」

いわき市の中山間地である遠野町に「みいこ畑」と呼ばれるコットン栽培地があります。管理者は、永山進さん。奥様の名前を畑につけた愛妻家の管理する畑です。

ご実家の立派な日本風家屋が、東京などからやって来る農業体験バスツアーのメンバーをいつも温かく迎え入れてくれます。以前はお父様が暮らしていた立派な住居ですが、今はご自身たちはまちなかにご自宅を構えていることもあり、ここへは農作業のために足を運んでいる状況です。一時期は、この家屋を活用して農家民泊の事業展開を考えていましたが、現在はその検討が進まぬままになっています。春には蕨、夏にはミニトマトとゴーヤ、秋には柿や柚子……。季節の恵みのお裾分けに心弾む交流の場となっています。そして、この場を和ませてくれているのはもうひとつ。愛犬、桃太郎の存在です。都市農村交流の自然な形がここにあると私たちは感じています。

避難先から戻った人たちが始めた「浅見川コットン畑」……

いわき市の北隣、広野町を流れる浅見川沿いにコットン畑があります。管理者はNPO法人広野わいわいプロジェクト（根本賢仁 理事長）。震災後一度は避難のために町を出なければならなかった方たちが、避難生活から戻ったあとにコットン栽培をスタートさせたものです。この農地を提

広野町浅見川コットン畑で広野町の震災当時について説明をする根本賢仁さん

供してくれた地主、鈴木馨さんは栽培初年度、一緒に農地を耕したにもかかわらず、夏前に持病が悪化し花が開くさまを見ることもなくこの世を去ってしまわれました。ご遺族からその後も栽培を継続してほしいと伝えられて、後を引き受けたのが根本さんたちでした。そして、このコットン畑は町外からさまざまな人たちを迎え入れる交流の場として活用されてきました。

ある年の3・11東日本大震災メモリアルデイには、畑で収穫されたコットンを糸に紡ぎ、その糸を木工ボンド液で固めてつくったランプシェードにLEDライトを仕込み、ソーラーを電源として明かりを灯すイベントを催したこともありました。

広野わいわいプロジェクトは、さらに津波被災エリアに新たに設けられた防災緑地の管理にも尽力しています。これはプレゼントツリーと言って、認定NPO法人環境リレーションズ研究所（鈴木敦子 理事長）が進める、都市農村交流を伴う記念樹によるふるさとの森づくり事業の一環です。こうした交流を通して町の復興に大きな力を与えているのです。

私たちのプロジェクトでは、農家さんとは委託契約を交わすのではなく、できるだけ自主的に栽培をしていただけるところと協働する形を採ってきました。そうではないと続かないからです。

お金に換算しようと思ったらほぼほぼ収入にはなりません。でも、つながることで自分の農地に首都圏の人や地元の学生が来てくれて一生懸命汗を流して土を耕し、草刈りをしてくれる。それが嬉しいと思ってつながっていただいています。それぞれの畑にそれぞれのストーリーが生まれ続けています。

2 みんなでコットンを育て、みんながコットンで育てられる

コットンを育てる。コットンが育てる

震災から間もない時期に、放射能の影響によって農作物を出荷できない福島の農家さんに元気になってもらうこと、そして耕作放棄を食い止めることの同時解決を目指して始めた「ふくしまオーガニックコットンプロジェクト」。ただし、オーガニックコットン、しかも和綿という非効率な品種の栽培を、それぞれの農家さんにだけ任せることは、負担を

増やしてしまうだけです。

この負担の大きな部分を担ってくれたのが、地域外からの来訪者でした。それぞれの畑にボランティアの人たちに来てもらい、協働でコットンを栽培しようという想いが育まれていったのです。「災害ボラセン」の機能を果たしてきたことが、ここでは大きく役立ちました。

その来訪者受け入れと栽培圃場全体の管理を、コットンチームと呼ばれるザ・ピープルのスタッフが担当しました。また、コットンチームのメンバーには、NPO法人明日飛子《あすびこ》ども自立の里（清水国明 理事長）から派遣される不就労の若者が加わるということも少なくありませんでした。そうしたさまざまな人たちがともに農作業にあたるという現場をコントロールするコットンチームのリーダー役には、NPO法人ETIC.（宮城治男 理事長・当時）による震災復興リーダー支援プロジェクト、右腕プログラムを活用して矢口拓也さんに3年間その任にあたってもらいました。

矢口さんが卒業して現場を離れた後は、コットンチームの長老である片寄輝彦さんや震災直後からボランティアとして私たちの活動に参加し続けてくれた渡辺健太郎さんが引き継いで現場での指揮を執ってくれました。とくに、渡辺さんは当初「人前で話をするのは苦手で、勘弁してください」と言っていましたが、コットン畑で外部からの来訪者の受け入れを重ねるなかで対応力を身につけ、今ではザ・ピープルの屋台骨を支える副理事長へ、そして私の代わりに次の理事長という存在にまで成長してくれています。コットンを育てていたつもりが、コットンが人を育てていたのです。なんと、ありがたいことか。

プロジェクトのため地道に役割を担ってくれる一人ひとりの存在が、このプロジェクトを前に前に進めてくれているのです。

「大声で笑い合える」畑でコミュニティの分断を解決！

コットンプロジェクトにとって大きな転機になったのは、避難元である双葉郡富岡町の社会福祉協議会の方からの相談でした。

「いわきに避難してきている富岡町の人たちが、『いわきの人たちとどうやったら仲よくできるのかわからない……』という悩みを訴えている。コミュニケーションの場としてコットン畑が使えないか」

その瞬間、「ああっ、そういう方法もあるんだ！」と思い、原発避難者の方々を対象に小名浜上神白地区内の伊藤農園で始めた事業が「みんなの畑」だったのです。この事業の財源としては、復興庁による「心の復興」と名付けられた一連の事業助成を受ける形で進めることにしました。「原発避難者が地域コミュニティに溶け込むため、主体的に動くことを想定している事業」であるということが、助成事業に合致すると考えてのことでした。

　地元農家さんやボランティアの人たちと原発から避難してきた人たちの、コットン畑をステージとした交流が計画されました。避難者の方のなかには、「震災前は畑作業をするのが日課だった。こうやって鍬《くわ》を使うんだよ」と、私たちに農機具の手ほどきをしてくれる方がいました。ほかにも、「畑の真ん中だとやっぱり大声で笑えるのがいい。薄い壁一枚隔てただけの仮設住宅じゃ、隣のことを気にして大声で笑ったりできないけど、畑なら気兼ねなく笑えるのがいいよ」と大声で笑いながら話す方。畑作業より畑の周りの木々の実や山菜を集めることに夢中になる方。「ここでは野菜も育てよう」と提案してくれる方。

原発避難者が伊藤農園みんなの畑カジロで農作業に汗を流す

被災者・避難者支援という動きのなかでは決して見えなかった、避難者の方の素《す》の顔が見えるようになっていきました。用意したお味噌汁と各自持参したおにぎりを食べて、みなさんが実に屈託なく笑い合っているのでした。これこそが、本章の冒頭でご紹介した「忘れられない風景」です。

私たちのプロジェクトを一生懸命手伝ってくれた避難者の方の一人に、富岡町での被災の後、避難生活のなかで奥様を亡くされた方がいました。「みんなの畑」の活動日にはいつも愛犬と一緒に顔を出してくださっていました。あるときお宅にお邪魔すると、身体の弱い奥様がいわきでの避難生活を快適に送れるようにと建てられたバリアフリーの立派なお宅でした。立派な建物であるだけに寂しさが募ります。その心の穴を埋めることは難しくとも、少しでも癒やしのひと時になれば、というのが「みんなの畑」の活動に込めた私たちの想いでした。

原発避難者と地域住民が一緒に集う伊藤農園みんなの畑カジロでのコットン収穫を祝う収穫祭

帰還した避難民の方が開いたコットン畑たち

農家さん支援のために始まったコットンの栽培と、被災者・避難者支援の事業は、最初はまったく別立てのものだと思っていました。

しかし、徐々に「コットン畑がコミュニティの課題解決に活きてきた」という手応えを感じるようになりました。農作業はコミュニティの課題解決にとっても効果を生み出し得るのではないか。連携できる農家さんが増えるにつれ、「いつの日か浜通りをコットンベルトにしたい！」という想いも膨らんできました。震災後「復興支援ボラセン」としてお付き合いをさせていただいていた避難者の方々のなかから、帰還に合わせて帰還地でもコットン栽培を行ってみたいという声をいただくようにもなりました。

最初の双葉郡内での栽培地は、広野町。ここでは、コットン栽培をきっかけとして広野町に賑わいと生業を取り戻すための活動を進める住民グループが立ち上がりました。前述したNPO法人広野わいわいプロジェクトがそれです。

双葉郡富岡町では、小名浜上神白のコットン畑「みんなの畑」のメンバーが富岡町での帰還生活を始めるにあたって、お宅の庭の一角でコットン栽培をしたいと声を掛けてくれました。その栽培は長くは続きませんでしたが、「いち早く富岡町で暮らすことになる自分が、みんなが帰還してきたときにコットンたちと一緒に、『お帰りなさい！』とみんなに声をかけてあげたい」と言っていたのが印象的でした。

ほかにも、震災後の活動がきっかけとなって富岡町とつながりを持った新規移住者を中心としたコミュニティのなかで、コットン栽培が活動の一部として進められています。組織の名前は一般社団法人ふたすけ（平山勉 代表理事）。中心メンバーは鈴木亮さんとそのファミリーです。「風と遊ぶ農園はばたけ」と名付けられた、地元の地蔵院というお寺の水田跡地。そこで、ビオトープや有機野菜畑とともにコットン栽培が行われ、季節ごとに「農作業を体験して仲間になりませんか？」と、帰還者や新規移住者に向けて呼びかけが行われているのです。

双葉郡内の変わったところでは、環境省が富岡町内に設けている特定廃棄物埋立情報館「リプルンふくしま」の敷地内でもプランター栽培でコットンが育てられています。

リップルふくしまでのコットン栽培の様子

つながりを縦軸と横軸に連携を織り上げる

「ふくしまオーガニックコットンプロジェクト」はこのようにタテ（実施主体の私たち）とヨコ（農家さんやボランティアの人たち）の連携を図りながら事業を進めていますが、事業の内側だけでなく、事業の外側にあるまったく別の団体とも連携を図りながら進めるという運営の構造が大きな特徴となっています。

少し話をさかのぼります。プロジェクト始動のきっかけとなったのが、宮城県亘理町で行われた結結プロジェクトの1回目の車座交流会でした。主催団体である認定NPO法人女性の活力を社会の活力に（JKSK）にお願いして2回目はいわき市で行うことになりました。

このときに、地元いわきから招かれていた再生可能エネルギーのスペシャリスト、島村守彦さんとも知り合うことができたのです。古滝屋の里見さん、島村さん、私という、それぞれが果たしたい夢と事業を持つ地元の仲間がここでつながりました。

異事業が連携する「企業組合」という形

里見さんは、震災直後からいわき市を中心とする被災地域へのツアーを続けてきて、NPO法人を立ち上げてさまざまな角度から原子力災害を伝えていく活動を本格化させていました。

島村さんは関西出身で阪神淡路大震災の経験者。その体験後、いわきに移住して再生可能エネルギーの事業者として双葉郡を中心にオール電化住宅関係でソーラー設備を設置する仕事をしていました。しかし、二度目の震災体験となる今回の被災で双葉郡はほぼ全域が原発事故により避難することになったため、それまでの事業を継続できなくなってしまいました。そこで再エネ（ソーラー）で被災地支援を行いながら、いつの日か福島からエネルギー転換を進めたいという強い想いを持っていました。

また私のほうは、オーガニックコットンの栽培だけなら市民活動の範囲でできるものの、繊維製品にすることも視野に入れていたため、市民活動的な方法では難しいし力不足だと思っていました。きちんと原綿を有価物として取り扱い、価値を生み出して営利の事業のできる主体が必要になってくると考えていました。

そしてお互いにひとつの団体でひとつの事業をしているだけではなかなか突き抜けていけないところを、協働して費用やスタッフ、協力者などの連携をとりながら進めたら次のステップに移行しやすくなるかもしれないと、次の構想を一緒に描き始めたのでした。

この話は、3つの事業でコンソーシアムを組もうという内容に発展しました。そうして立ち上がったのが「いわきおてんとSUNプロジェクト」です。

3組織のコンソーシアムは、2013年に「いわきおてんとSUN企業組合」として法人化。私たち3人の意を汲んで、ともに未来を描きたいと関野豊さん、菅野友美さん、金成清次さんが仲間として加わり、6人での走り出しとなりました。その走り出しの背後を固めてくれたのも、一般社団法人ロハス・ビジネス・アライアンス共同代表大和田順子さんでした。そもそも3組織のコンソーシアムによる事業運営を提案くださったのも、大和田さん。総務省の「緑の分権改革」の助成を受けて事業運営が可能だというアドバイスが、私たちに組織の枠を超えた事業運営という決断を促してくれたのでした。企業組合は震災復興の追い風に乗って、各種の補助事業によりスタッフの雇用も行い、3事業を関連させて進めていくことができました。

ふくしまのコットンが繊維製品のブランドに

オーガニックコットンの事業に関しては、スタッフとして仲間に加わった金成さんの友人、酒井悠太さんが実務を担い事業化を進めました。酒井さんは、震災前は地元の大学を卒業後、市内の工場で働き、いわきに対して退屈で魅力のない土地というイメージを抱いていたという青年でした。アパレル関係には何の前知識もない状態でしたが、おしゃれには興味関心があるということで、コットン事業を担ってもらうことに。

酒井さんは、繊維製品をつくり出すまでのさまざまな工程についてまったくゼロの状態から学んで、一つひとつ形づくってくれました。私自身は、オーガニックコットンに対する想いはあれども、実際の製品化については何の知識も持っておらず、取引先の企業との話し合いの席上、専門用語に戸惑いを感じる場面が少なからずありました。そんな私に代わって、酒井さんはいつしか繊維製品についての

協働していたLUSHに招かれ、ロンドンのイベントでプロジェクトを紹介する酒井悠太さんと吉田

専門スタッフとして業務を進めてくれるようになりました。何とも頼もしい存在でした。

ただ、プロジェクト自体に対する想いが強いだけに、私のなかに譲れない想いがあったのも事実。当時30代であった酒井さんと私では感覚の違いがあり、意見が食い違うことも度々ありました。自社ブランドとしてオリジナル商品を製造するにあたって、どんな製品にするのが望ましいのか。そのデザインはどうするのか。在庫としてどの程度の数をつくれるのか。一つひとつの検討事項について、それぞれの主張はなかなかかみ合いませんでした。しかし、それでもふたりとも投げ出すことなくオーガニックコットンの製品化に取り組み続けようとした背景には、強い想いとオーガニックコットンへの愛情があったのだと思います。

たとえば、オリジナル商品のブランド名をどうするかについて。福島で有機農法で育てたコットンであることに意味があると「ふくしま」を入れることを主張する私と、「商品の魅力で勝負したい。福島であることを売りにしたくない」と主張する酒井さんとの意見

「ふくしま潮目」の商品

は、いつまで経っても平行線でした。企業組合での製品は「ふくしま潮目」と名付けたのに対して、その後、酒井さんたちが「オーガニックコットンの事業を自分たちの事業としたい」と立ち上げた株式会社起点の商品では、「SIOME」というブランド名にして商品展開をしています。その背景には、それぞれの強い想いが込められています。

それでも、ふたりに共通していた部分は「しおめ」という言葉に、深い意味を感じていたことでした。福島県浜通りの面する海は、ちょうど寒流と暖流がぶつかる潮目の海です。寒流にすむ魚も暖流にすむ魚もいる豊かな海が私たちにとって大きな自然の恵みを表す「しおめ」のひとつ目の意味です。そして、ふたつ目の意味は、沢山の魚が集まるように、多くの人たちの手を借りてこのコットン栽培が続けられてきたことを示しています。3つ目の意味は、今私たちがこれまでの大量生産大量消費が当たり前であるとしていた暮らしの在り方を見直さなければならない、「時代の潮目」に立っているという想いです。これが、震災を福島で体験した私たちが残さなければならない大切なメッセージだと思っているのです。

社会イノベーター公志園での出会い

企業組合として組織強化を図っていた時期、私にとって自分自身が大きく成長するためのかけがえのない機会がありました。それはNPO法人ISL（野田智義　理事長）主催の第3回社会イノベーター公志園への出場です。2013年下半期から半年間のプログラムで、「日本全国からこれまでにないアプローチで社会課題解決に挑戦するリーダーたちのビジョンと事業を磨く」という研修過程に、企業の幹部候補生の方が伴走するという事業内容でした。

参加者は14名。20代から30代の若者たちが出場者の中心を占めていました。そのなかで、フェアトレードシティくまもと推進委員会の中心人物として活動している明石祥子さんと私のふたりが同年代で、恐る恐る若者たちの丁々発止の議論に加わっている状態。それでも、震災復興の時期でもあり、地域課題が明白な福島の取り組み事例ということで、私のなかにはある種の気負いのようなものがありました。6か月間毎月持たれた各地の経済人などのオーディエンスを前にした事業プレゼンテーションでは、いつも以上に力みがあり、途中で涙ぐんでしまうことも度々で、失敗したと落胆することが少なくありませんでした。

第3回 社会イノベーター公志園フェロー

明石祥子さん　フェアトレードシティくまもと推進委員会 代表理事
阿部裕志さん　株式会社巡の環 代表取締役
小野邦彦さん　株式会社坂ノ途中 代表取締役
草野竹史さん　NPO法人ezorock 代表理事
楠木重範さん　チャイルド・ケモ・クリニック 院長
高橋博樹さん　NPO法人京都伝統工芸活動支援会京都匠塾 理事長
土井佳彦さん　NPO法人多文化共生リソースセンター東海 代表理事
中崎ひとみさん　社会福祉法人共生シンフォニー 常務理事
橋本めぐみさん　有限会社土遊野 取締役
長谷川琢也さん　ヤフー株式会社復興支援室
毛受《めんじょう》芳高さん　一般社団法人アスバシ教育基金 代表理事
本村拓人さん　株式会社グランマ 代表取締役
八木健一郎さん　有限会社三陸とれたて市場 代表取締役

（注）肩書は2013年社会イノベーター公志園出場当時のもの。

公志園フェローたちがいわきまで来て、いわきの若者たちと交流してくれたこともあった

伴走としてお付き合いくださった成井隆太郎さん（ヤマトホールディングス）、菊地敦子さん（公務人材開発協会）、吉崎敏文さん（日本アイ・ビー・エム）たちにはさぞやがっかりさせてしまっただろうと思います。

しかし、この体験が私のなかではその後大きく活きたと感じています。そして、高い志を持ってまさに日々人生を懸けての格闘を続けている仲間たちとの出会いが大きな励ましとなりました。現在もフェローとして交流のある14名の出場者全員が、それぞれの分野で本当に険しい道のりを切り開いているチャレンジャーたちです。彼らとの出会いこそが、私にとっての何にも代えがたい財産となりました。

「次は僕が！」——企業組合から起業家が生まれた瞬間

そして、彼らの奮闘ぶりを目にした、当時はまだいわきおてんとSUN企業組合のスタッフだった酒井さんが語った言葉が今も忘れられません。「次は、僕自身が僕自身の事業のことをこの場で語りに来ます！」

数年後、彼はこの言葉を実際に形にします。社会イノベーター公志園の場ではありませんでしたが、彼は、自らの事業としてオーガニックコットン事業を語ってくれることになったのです。

企業組合設立後、長い準備期間を経て、２０１９年に酒井さんと企業組合の理事であった金成清次さんのふたりが株式会社起点を立ち上げました。福島で育てたコットンを原材料に使った繊維製品を製造する会社です。彼らがそれを表明したのは、２０１８年にいわきで開催した全国コットンサミットでの席上でした。

このサミットは、全国各地でコットン栽培や関連する事業を行っている事業者が一堂に会して情報交換を行う場として、２０１１年から各地を巡回する形で回を重ねていました。福島県内では、会津木綿の伝統産業と在来種の会津木綿の栽培があり、私たちのほかコットン栽培や製品づくりに関わる仲間がいることから、サミットを福島県を会場に開催したいと考えたのでした。メイン会場であるいわき市産業創造館を会場として開催するサミットと併せて、会津地方などを巡回する視察ツアーの開催や県内の関連施設

2019年に起点を立ち上げた酒井悠太さん

での協働イベントの開催など、かなり盛り沢山の内容で、全国各地から200名以上の方が来市。運営の本部機能を持つ全国コットンサミット実行委員会の方から「今までで一番サミットらしいサミットでした！」といただいたお褒めの言葉に、胸が熱くなる思いがしました。その席上で、酒井さんが語ったプロジェクトの将来像は、間違いなく次世代にバトンが手渡されていくことを強く印象づけました。

プロジェクト走り出しの当初、震災後の福島の地域課題を解決できないかとの想いだけであった事業が、次世代の人の手に引き継がれ、未来に向けた事業へと変貌していったことは、いわきの希望であると感じています。「SIOME」というブランド名で自分たちが育てたコットンを使ったタオルや手ぬぐい、Tシャツなどの製品がこの世に出ていきます。2024年度には、彼らの事業として、いわき産のコットンを使ったジーンズを世の中に出していくことが計画されています。

立ち上げ後にコロナ禍の荒波にもまれることになり、彼らの事業は決して順風満帆とは言えませんが、それでも未来に向けた航海は続けられています。「吉田さんが死んでもこのプロジェクトが続くように……」という酒井さんの憎まれ口も私にとってはありがたい一言でした。それは、株式会社起点が立ち上がったときの酒井さんの覚悟がにじむ言葉でした。

企業組合の発展と「何を次世代に残したか」

企業組合では、震災復興事業として身の丈以上の助成金を狙って資金確保をする場面が数多くありました。3つのNPO法人のコンソーシアムからスタートした組織ですが、それぞれの母体であるNPO法人に利益を還元するというよりは、新組織の資金調達力を活かして今までやりきれなかったことに着手していくという事業の進め方でした。

たとえば、再エネ部門。50キロワットの発電能力のあるソーラーシステムを中央の企業の手ではなく地域住民の手で設置しようという試みを進め、いわき市小川町の山間部の山林を人力で切り拓き、人力で架台を組み立ててつくり上げるというチャレンジを行いました。そのチャレンジを

人力で組み立てたソーラーシステムの完成披露式典。いわき市小川町にて

行った2013年当時、外部からのボランティアにも恵まれ、ブリヂストンをはじめとする企業ボランティアが、毎週のように現地に入って作業に汗を流してくれました。

FIT（「再生可能エネルギーの固定価格買取制度」。再生可能エネルギーで発電した電気を、電力会社が一定価格で一定期間買い取ることを国が約束する制度）の買取価格もよい時期だったので、地元の信用組合からの借入金2000万円という金額にも、その連帯保証人として自分の名前を記入することにも怖さを感じることはありませんでした。

また、かつてテレビ局が所有していた中継車を購入して、その内部を改造。車内で食用油をBDF（バイオディーゼルの略。植物油や廃食用油からつくられるディーゼルエンジン用のバイオ燃料）につくり替えるシステムを搭載し、再エネを学ぶ「おてんと号」として生まれ変わらせるというようなチャレンジも行いました。そして、「おてんと号」は屋外イベント会場に食用油で電源供給を行ったり、学校で子どもたちが自分たちの手とハンダごてでソーラーパネルをつくり上げる体験教室の電源として活躍してくれました。しかし、ものに資金を投入する事業形態に限界を感じた時点で、その方向性は変えられ、小さな学びの提供へとその主軸を変えていくようになっていきました。それは担当していた島村さん自身のなかに生まれた変化によるものだったのだと思います。

スタディツアー部門では、福島ならではの学びの提供できるツアー開発をしようということで、その専門スタッフを雇用する人件費として補助金獲得に動きました。しかし、学びを伝えるという事業内容と合致する人材を確保するのは決して たやすいことではありません。雇用契約期間を終了すれば現場から立ち去ってしまう人材しか確保できないジレンマを抱えながら、補助金で人員を確保しようというチャレンジに、組織の中枢にいる人間は次第に疲れていってしまいました。NPO法人ETIC.の助成を受けて「私の右腕になる人材が確保できた！」と喜んだのもつかの間、雇用期間がスタートする直前に本人と連絡がつかなくなるという事態さえ生まれました。雇用を決断するまで面談を重ねていた島村さんと私は「私たちには人を見る目がないんだろうか」とすっかり自信喪失。その後、スタディツアー部門を担当していた里見さんは独自の事業として別なツアーガイド組織を立ち上げ、さらに原子力災害考証館furusatoを自身の旅館の館内に開設し、着実に実のある仕組みへと移行していきました。

オーガニックコットン部門は、株式会社起点へと事業継承が行われることになりました。そして2023年度末をもって、企業組合は解散するという決断を下したのでした。ここまでで、企業組合という事業主体の役割は十分に終えられたのだと感じています。補助金に頼らざるを得ない体質から脱却したいと願っていましたが、図らずも組織が変わることでそれが果たせたと感じているのです。

3 継続できる事業への進化が、記憶の継承につながる

ふくしまオーガニックコットンプロジェクト、未来への役割

繊維産業としてのオーガニックコットン製品化の部分を酒井さんたちの会社「起点」が担ってくれたことで、私は「ふくしまオーガニックコットンプロジェクト」の今後のあり方を考えるところに注力できるようになりました。当初の「農家さんの支援」からミッションを進化させ、このプロジェクトを「いわきにおける東日本大震災と原発事故」を次世代に伝えていく場として、さらに天然繊維でありながら農薬の多用、水の汚染など環境に大きな負荷をかけていると言われるコットンの慣行栽培が与える環境負荷に対して、福島から「NO!」というメッセージを伝える場としていこうとしています。そのためには、何

よりも継続が大切です。

このプロジェクトを一般社団法人にしたのも、継続のため。ザ・ピープルで担った災害ボラセンでのさまざまな経験など、私たちのすべての記憶が次世代への「学び」につながるものです。ただその学びを提供する主体をザ・ピープルでやってしまうと、ボランティアになってしまいます。善意を土台に無償で清く正しく美しくやっていると、あるとき継続できなくなってしまう可能性があります。けれども一般社団法人にして「この学びの提供は事業なのです」と定めることによって、きちんとその価値を有償化できる。有償化することによってともに事業を行う主体として農家さんたちに還元できたり、雇用を生み出したりできるとも考えました。

また、コットン栽培を継続して行うためには、資金的な基盤が欠かせません。収穫物であるコットンを適正な価格で販売する主体として明確な組織が必要です。コットンを栽培し、収穫しただけでは収入にはなりません。きちんと販売して収入にできることが求められます。この点については、株式会社起点立ち上げ当初はプロジェクトでの生産物は全量買い取りの大原則があったのですが、コロナ禍のなかでそれぞれの組織を維持するために進むべき道筋を変更して大きく舵を切ることになったため、そうした課題が再燃しているのです。そのことをねたむことも恨むこともできません。自分たちとしては粛々と別なルートを探す努力を重ねるしかないのです。

こうした状況と想いを共有できる仲間たちと2021年4月に立ち上げたのが、一般社団法人ふくしまオーガニックコットンプロジェクトでした。それまで、ザ・ピープルというNPO法人が進めるプロジェクトに協力するという形で参画してきた団体や農家さんたちが、まさにこのプロジェクトの主体であるという意識を持って関われるように、組織の整備を行ったのでした。現在、組織経営の中心メンバーは、理事である鈴木純子さん（一般社団法人日本リ・ファッション協会 代表理事）、田中亜季さん（ボランティアサークルT♡LIP代表）、福島裕さん（天空の里山柳生菜園 代表）と私。監事に吉田充さん（中ノ坪コットン畑管理者）。団体正会員である特定非営利活動法人ザ・ピープルを代表して渡辺健太郎さん（ザ・ピープル 副理事長）も議論に加わってくれています。

2023年度、一般社団法人の経営陣は、真剣に原綿販売先を探し始めました。在来種の有機茶綿は珍しいものではあっても、繊維製品化する際には課題の多い品種だという現実があります。一般的に使用されている洋綿と呼ばれる白いアップランドなどの品種に比べて、一本一本の繊維の長さが短いために、機械紡績の際の歩留《ぶど》まり（原料に対する製品の出来高の比率）が悪いとされているのです。しかし、珍しい品種であり、現代の技術力をもってすれば課題を克服し得ると考えて、JOCA（日本オーガニックコットン協会）理事である野口義信さんや株式会社アバンティ現社長の奥森秀子さんに相談を持ち掛けました。

ほかにも、2022年度のエコプロダクツ展でお会いした福岡県の手づくり布団屋新川桂株式会社社長の新川洋平さんに相談して、手づくり半纏を福島産オーガニックコットン中綿100パーセントでつくろうという話も進め始めました。この半纏《はんてん》については、プロジェクトの応援を目的とするクラウドファンドの返礼品として、世に出していきたいと考えています。そして、いずれはメイド・イン・ジャパンの魅力ある商品として海外に販路を広げていきたいと構想を練っているところです。

さらに、広野町でのコットン栽培を進めているNPO法人広野わいわいプロジェクトの根本賢仁さんは、広野町と震災後ご縁の深くなったイオン東北株式会社の方に連携の可能性を尋ね、新ルート開拓に力を貸していただいています。

「今を打開するために、今動く！」。組織経営のまさに基本中の基本に、私たちは立ち返ることができたのでした。

次世代への学びの提供は、継続しなければ意味がありません。できることならこの事業で将来的には農家民泊まで行いたいと思っています。学びの提供の「場」をつくることによって、それが収益の事業になっていきます。訪問してくれる側にとっても価値が高まるし、私たち受け入れる側も無償で働かされた感がなくなります。それが継続の基本だと考えており、そのためにもこの「事業」がさらに進化することが必要だと思っています。

コットン畑と子どもたち――3つの教育的価値

今、希望する学校を募っていわきで育つ子どもたちと一緒にコットンを育てています。2023年度は市内7校で320名ほどの児童生徒がコットン栽培を行ってくれました。また、市内の農業高校でプロジェクトの紹介を行った際には、「そういえば、小学校3年生のときにコットンの栽培をしました」という生徒が、20名ほどの参加者のなかに数名いました。先にも書きましたが、小学生のときにコットン栽培を体験し、地元の大学生となってコットン畑の手伝いに来てくれた学生もいます。

私は33年前、「古着を燃やさない社会をつくりたい」と思って仲間数人とともにザ・ピープルを立ち上げました。その「ピープル」とは、自分たちのまちのことを自分たち自身の力で何とかしたいという想いを持っている、そういう人びとのことです。畑に来てくれたその大学生は間違いなく「ザ・ピープル」のひとりでした。事業として継続していくことの価値を、私自身が改めて深く胸に刻んだ出来事でした。

いわきで育つ子どもたちに、コットン栽培の機会を提供する事業を、いわきで育つ子どもたちにとっての共通の体験としたいという想いが私にはあります。

小学生が理科の授業で朝顔を育てるように、コットンを育てる体験をする。その入り口は、植物の生長を見守るというものかもしれませんが、この栽培にはその裏側に3つの大きな目的が隠れています。

ひとつ目には、自分たちが身に着けている衣服がどのように生まれて来るのかを知る産業教育です。かつて日本という国では綿花栽培が盛んに行われていました。しかし、現在国内での綿花栽培は、一部趣味的に行われているものを除いてほとんど残っておらず、ほぼ全量を海外からの輸入に依存しています。

市内の小学校でコットン栽培を行う（いわき市立高久小学校にて）

また、繊維製品のうち、コットンのような天然繊維を原料とするものは石油由来の化学繊維に押され続けています。自分たちの身に着けているものがどこでどのように生み出されているのかを知ることは、SDGsの17目標のなかの目標12「つくる責任 つかう責任」に直結するものであることを認識してもらうきっかけになると考えています。

ふたつ目は、環境に負荷をかけることなく植物を育てる、環境配慮型の農業について理解を深める環境教育です。世界各地で行われている慣行栽培の現場では、遺伝子組み換えの種子を使用し、多量の農薬を散布し、水資源を汚しながらコットンを育てることが継続されています。地球の土壌を痛めつけながら繰り返されるコットン栽培が、将来もたらすものは、地力を失くし荒廃した農地にほかなりません。その危険性を子どもたちにも知ってほしいと思うのです。SDGsの目標15「陸の豊かさも守ろう」に合致する、自然と共存する農業のあり方を知る第一歩が、このコットン栽培であってほしいと思っています。

3つ目に、震災教育があります。震災から年月が過ぎれば過ぎるほど、次世代にあの体験をどう伝えるかは難しい課題になります。自然災害と人為的災害が組み合わさって起きた複合災害の初めての現場である福島で、当時何が起きていたのかをきちんと次世代に伝えることは、彼らの未来選択のためにしなければならないことだと考えるのです。

災害が多発する現代にあって、自然災害を防ぐことは難しくとも、それに付随してしまう人為的災害を防ぐことは人間にもできるのだということを、次世代に伝えなければならないと思うのです。そのためには、人為的災害がもたらすものが何なのかを正確に伝える必要があります。経済性や利権とはまったく離れた判断が下せる人材を育成する。そんな社会をこれからつくっていかねばなりません。

大学とのコラボレーションを、地域の財産に

震災後、ふくしまオーガニックコットンプロジェクトの活動現場にはよく大学生の姿がありました。災害ボラセンからの流れで、日本財団主催のガクボと呼ばれる学生ボランティア派遣事業の受け入れもしていました。聖心女子大学や名古屋学院大学のように、学内で実際に自分たちの手でコットンを栽培し、収穫されたコットンで学園祭のイベントとして「コットンベイブ」をつくるワークショップを行うことで、プロジェクト周知に尽力くださっているという大学も現れました。また、プロジェクトを取材して卒論にしたいとインタビューに来てくれる学生が、これまで何人もいました。

そうしたなかで、常に心にかかっていたのが、地元の学生に対するアプローチができていないということでした。そこで、地球環境基金の助成事業として、地元の大学である学校法人昌平黌東日本国際大学に対して、学生の派遣ができないか尋ねることになりました。経済経営学部教授・学部長　河合伸先生（当時は准教授）にお願いしたところ、緑川浩司理事長の理解を得られたとのことで引き受けていただき、河合ゼミと学内ライオンズクラブの活動としての学生派遣が２０１９年度から行われました。受け入れ先は平窪のブラウンコットン。夏井川の河川敷に設けられた畑でした。ところが、令和元年東日本台風により、畑は水没。圃場管理者である鈴木京子さんのご自宅も床上浸水に。そのとき、水害後の片づけなどの手伝いボランティアとしても東日本国際大の学生たちは足を運び、つながりを深めてくれました。コットン栽培だけではなく、地域コミュニティと大学がつながるという面でも、この活動現場は意味のあるものとなったのでした。

大学生がエコプロダクツ展の会場でプロジェクトの紹介を行ってくれた

コットン畑での農作業の現場に慣れた学生たちは、附属昌平高校の生徒たちが圃場に来たときにプロジェクトの事業概要や農作業の説明を自ら行ってくれました。また、収穫されたコットンを綿繰《わたく》り、糸紡ぎする過程を体験してもらうワークショップでも、指導者役を買って出てくれました。そして、2021年、2022年に東京ビッグサイトで催されたエコプロダクツ展の会場では、事業概要の説明役としてプロジェクト展示ブースに常駐し、来場者の子どもたちなどに綿繰りや糸紡ぎを指導してくれました。彼らが語るのは、自分たち自身が種を蒔き、育て、ものづくりを目指す彼ら自身のプロジェクトです。

こうした地域団体とのコラボレーションが認められ、2021年度、学校法人昌平黌東日本国際大学ライオンズクラブは、CAS‐Net JAPANサステイナブルキャンパス賞（主催：一般社団法人サステイナブルキャンパス推進協議会）において、第二部門 キャンパスのサステイナビリティに配慮した大学運営・地域連携部門で大賞を受賞するという快挙を成し遂げました。

これもまた、地域に根差した人材育成の事例になると私たちは考えています。

これから一歩を踏み出すあなたへのメッセージ❸

想いを織り上げ、仲間とともに歩む

偶然の出会いから「コットン」と「耕作放棄地」を掛け合わせることで震災で困窮する農家を支援できると思い立ち、やがてふくしまオーガニックコットンプロジェクトとして広がったその活動は、世代を超えたつながりと学びを生み出していった――。

この章で述べてきたことを、乱暴にまとめてみました。こうしてみると、ずいぶんすごいことを成し遂げたようにも思えます。

だから、ここまで読んでくれたあなたは、こんなふうに思っているかもしれません。

「わたしには、そんな仲間はいないから……」

でも、そんなあなたにこそ、私はメッセージを届けたい。

「想いを紡ぎ、織り上げることで、仲間は自然と現れる」と。

私は、コットンのこともその栽培のことも何も知りませんでした。

でも、株式会社アバンティ創業者の渡邊智恵子さんが、私にオーガニックコットンのことを教えてくれました。ロハスの第一人者、大和田順子さんが、宮城県岩沼市のコットン畑に連れていってくれました。信州大学繊維学部が、種を分けてくれました。

また私は、つくった綿花を、どのようにして販路に乗せ、製品をつくればいいかも知りませんでした。

でも、当初は一スタッフだった酒井悠太さんが、さまざまに調べてくれて、製品化の道を探ってくれました。社会イノベーター公志園の同志やメンターが、刺激をたくさん与えてくれました。

さらに私は、まさかコットン畑が、コミュニティの分断を埋める鍵になるなんて、思いもしていませんでした。

でも、コットンを育てようと決意してくれたたくさんの農家さん、そしてそこに駆けつけて手伝ってくれた市内外のボランティアのみなさんの笑顔が、私にその可能性を気づかせてくれました。

私たちをつないだものは、何だったのでしょうか。
何が、私たちを仲間にしてくれたのでしょうか。
33年やってきて、それはやはり「想い」だったとしか、私には思えないのです。

もしあなたが、日々の暮らしのなかでどうしても無視できない課題にぶつかり、ひとりで苦しんでいると思っているのなら、その「想い」を誰かに伝えてください。最初は、身近な、信用できる人からで構いません。
あなたから発せられた想いが、やがて、あなたとともに想いを織り上げる仲間を連れてきてくれます。そしてその先に、つくりたい未来が現れるのです。

4

一人ひとりの「ビジョン」が受け継がれ、まちは変わる

地域課題に、終わりはない

「それ」が訪れたのは、まさに光明が見えたと思ったときでした。

震災から一定年数が経過したとき、地域に残っていた課題は、以前のそれとは形が変わっていました。復興バブルが弾けたことによる困窮に加えて、台風、コロナ禍と新たな災害が襲いくるなか、「地域課題は変化し続ける」、そして「課題に終わりはない」ということを思い知らされる日々でした。

必然的に、私たち自身も変わらなければなりません。フードバンク、平時から機能するネットワーク組織の設立など、次々と手を打ち、行政と市民のあいだの架け橋となるべく活動に邁進しました。

しかし私は、もうひとつの「変わりゆくもの」を見逃してしまいます。それは、組織の内部に蓄積してしまった歪《ひず》みからくるものでした。

それでも前を向こうと、想いを撚《よ》り直し、新たなビジョンを掲げようとしたそのとき――私の身体を病魔が襲ったのです。

突如として突きつけられた、「どのようにして未来へバトンを渡していくか」。

大きな挫折のなか、下を向く私に、もう一度前を向くよう促してくれたのは、これまで紡いできた想いであり、その想いのバトンを受け取ってくれた仲間たちでした。

1 変容する地域課題を前に、市民活動は何ができるか

「衣」のザ・ピープルが、なぜ「フードバンク」を立ち上げたのか？

２０１８年。ザ・ピープルでは、新たな事業を立ち上げました。生活困窮者に対して「食」の支援を行う「フードバンクいわき」という事業です。

衣食住の「衣」について、それも直接支援というよりは回収して販売する「事業」にこだわって取り組んできた私たちが、なぜ「食」、それも困窮者への「直接支援」に乗り出したのか。

多くの方にそう問われてきましたが、その理由には、「地域課題は変化し続ける」という、当然でありながら、しばしば忘れられがちな背景があります。

事実、東日本大震災の被災地でも、地域社会の状況は刻々と変わっていきました。

一時期、震災復興バブルと言ってもいいような状況になっていた地域経済が落ち着きを取り戻したとき、私たちのもとに聞こえてきたのは、もとの地域コミュニティから切り離された原発避難者をはじめとして、さまざまな要因で生活困窮に陥った人々に対するセーフティネットが必要だという声でした。

実態を確かめようと、いわき市の総合保健福祉センター内の生活就労支援センター（当時はいわき市の直轄）の職員に対してヒアリングを行ったところ、原発避難者でいわき市内に居住している人からの生活保護申請が出るようになってきたとの話を聞かされました。当時、福島県内にはフードバンクの取り組みを行う団体はほとんど見当たりませんでした。こうした状況のなか、いわきに派遣されていた特定非営利活動法人ジャパン・プラットフォーム（JPF）の支援担当者から、フードバンクの立ち上げを考えてみないかとザ・ピープルに話が持ちかけられたのでした。

「衣」に関しては、長年の活動のなかで、いわき市からの要請などに基づき生活困窮者や罹災者などへの衣服の提供を度々行ってきた経験がありましたが、食品を扱うことにはそれまでまったく経験がなく、本当に実施することができるのかと、踏み出すことにためらいがあったのは事実です。しかし、当時の事務局メンバーに諮《はか》ると「ピープルが今後するべき事業はこれだと思う」という力強い返答。仲間の想いに背中を押され、一歩踏み出す決意を固めたのです。

専門家ではないからこそ、できること

実際の事業運営については、フードバンク岩手の阿部知幸事務局長に一から教えていただくことができました。市民から衣類を寄付品として回収してきた経験を活かすことができそうだということもわかってきました。

結果として、私たちは、自分たちの持つスキルのメリットとデメリットを考慮したうえで、独自のフードバンクを立ち上げることにしました。それが、市民から広く提供していただいた食品を、直接困窮者に手渡すのではなく、当事者の相談にあたる相談窓口の担当者を介する形で食品提供を行うフードバンクです。

フードバンク事業立ち上げ後、「どうして生活困窮者に直接支援のための食料品を手渡

さないのか？」と度々尋ねられました。私たちの答えは、決まって「私たちは福祉の専門家ではないから」でした。

東日本大震災後の災害ボラセンを運営していた当時、私たちのスタッフは被災者の方々と向き合い、つらい経験談に耳を傾け、ともに涙することもありました。それは共感の範囲を超えて一緒に精神的につらい状態に落ち込む危険性をはらんでいました。次にどうしたらいいのかという道筋を示して差し上げられない状況は、自分自身を責めることにもつながりかねません。

その経験から、当事者への対応は福祉の専門家に任せて、自分たちはその背後を固める役割を担うべきという判断を下すようになったのです。そして、「食」と「衣」の両面から生活困窮者をサポートできる民間のセーフティネットとして、「フード&クロージングバンク」事業としての展開を進めることにしました。長年の活動経験と、時代に合わせて変化する地域のニーズに応じた事業となりました。

この事業に懸念材料があるとすれば、それは受益者からの見返りを求めることができな

ザ・ピープル主催イベントでの食品回収の様子。小名浜にて

いという点でした。この事業を動かすためには、財源を常に別に持ち続けなければならない。ただ、事業を立ち上げた時点では、ザ・ピープルの古着リサイクル事業はある程度の収益性を確保できていましたし、新たな事業スタートに関してはＷＡＭ助成（社会福祉振興助成事業）の獲得もできました。そこで、２０１８年度、及び２０１９年度時点では財務面での心配はあまり抱かずにスタートしました。

再びの被災で思い知らされた「私たちの原点」——令和元年東日本台風

この事業の真価が問われる出来事が、２０１９年に発生しました。令和元年東日本台風による被災です。全国各地で同時多発的に起きた洪水被害で、いわき市もその被災地となりました。夏井川の氾濫により市の内陸部の複数地域で多数の床上・床下浸水住宅が出ました。また上水道関連施設の被災により、市内の約半分のエリアで、長期間にわたり断水が続くという事態となりました。

ザ・ピープルとしては、被災地域の住民とのつながりのなかで、コミュニティベースの支援品配布ステーションを設けたり、外部からの支援者をつないだりしながら災害ボラセンの機能を果たしていました。その際に、被災者からよく依頼されたのが、「使い捨てできるようなタオル類を集めてもらいたい」ということでした。断水が長く続くなかで自宅の清掃をしようとしたときに、洗うことが難しいためできるだけ惜しげなく拭き掃除に使える布類がほしいというのです。さっそく、古着回収ボックスにタオルの提供を呼びかける掲示を行うと、私たちの予想を大きく上回る量のタオル類がボックスに届くようになりました。

「古着回収ボックスは、単なる古着の投入口じゃなくて、市民と私たちをつなぐコミュニケーションツールでもあるんだ」

原点に立ち返るような思いでした。そして、私たちのもとには、地域外から被災された方たちを思って支援品が送り届けられました。フードバンクの関連団体からは被災者向けの水や食料品の提供の申し出が届きました。きっと、私たちが事前にボラセンとして、そしてフード＆クロージングバンクとして動いていなければ、決して届くことのなかった支援の手が届いたのです。

古着の倉庫を「学びの場」に！——芽生えた新しい「想い」

たくさんの支援者のなかに、一般社団法人日本リ・ファッション協会の鈴木純子さんたちの姿がありました。災害ボラセンの機能を果たそうとすると、当然人員的な部分で現有スタッフだけでは賄い切れません。そこで、古着の仕分けを鈴木さんたちに手伝ってもらうことが始まりました。

一緒に活動する場を持ったことで、仕分け作業の合間にそれぞれの活動が話題になり、いつしか共通の想いが語られるようになりました。それは、「古着の倉庫を学びの場として整備していきたい」という想いでした。

鈴木さんたちによって仕分けの手伝いをしてもらえるようになる前、日々膨れ上がる古着の山は、市民の方々から寄せられる寄付品の山であると同時に、いつまで仕分けをしてもゴール地点が見えない大きな重荷でもあると組織のなかでは認識されていました。

しかし鈴木さんたちは、ともに仕分けの作業を行いながら、

「この品を舞台関係者に衣装として提供できたら、きっと喜んでくれる」

「この着物はリ・ファッションキャラバン（古い着物を魅力的にアレンジして行うファッショナ

ブルなショー形式のステージのこと）の次のステージで絶対に映える」

「こんな服を女子美術大学の先生がほしがっていた」

「こんな半纏をイベントで使いたいと青森の団体から連絡が来ていた」

と語ってくれるのです。その言葉一つひとつに、私たちは新たな視点を与えられた気がしました。「この古着の山は宝の山なのだ」という認識を改めて持つことができたのです。


そして、当時出先をなくしていた仕分け後の古着についても、出先を探す手伝いをしてくれました。マイナスをプラスに転換するために、鈴木さんたちとの連携によって、私たちは古着に向き合うための新しい手法を手に入れたのでした。ザ・ピープルはここから新しいステージに向かって歩みを進めていける。そう感じることができた体験でした。

苦い思いは繰り返さない ――平時から機能するネットワーク組織誕生

令和元年東日本台風の被災を通して気づかされたことがもうひとつありました。それは、東日本大震災後に支援組織のネットワークを組織していたにもかかわらず結局機能できなかったという苦い思いと、やはり平時から情報を共有し合えるネットワークが災害支援の分野に関して必要不可欠だということでした。

そこで、今回の被災直後から行政や社会福祉協議会と地元の民間支援団体が中心となって設けた被災者支援に関する情報共有会議をベースに、民間主導の災害支援ネットワーク組織、「災害支援ネットワークＩＷＡＫＩ」を立ち上げるということになりました。その中心的な役割を担ったのは、「浜○かふぇ」という被災者支援サロン活動を行っている仏教関係の団体の代表である馬目一浩さんと、いわき市社協の篠原洋貴さん。私も交えて構想を練って組織としての形を整えていきました。参画する組織の数は決して多くはありませんでしたが、緩やかにつながり続けることを目的に、それぞれの団体の活動状況に関する情報の共有をオンラインで進めました。

そして、その組織がようやく形を整え始めた２０２３年９月、いわきを三度目の大きな自然災害が襲いました。台風13号による市内内郷地区の洪水被害でした。この被災現場で、「災害支援ネットワークＩＷＡＫＩ」は行政と社協

台風被災地支援団体のネットワーク会議。平地区いわき市社会福祉協議会事務所にて

の設けた災害ボラセン、そして地域内外の民間支援団体をつなぐパイプ役として機能しました。平時からの取り組みが活きたと実感できる体験となりました。

コロナ禍のなか、支援の風穴を開けた「フード＆クロージングバンク」

「フード＆クロージングバンク」の事業は、世界中で猛威を振るった新型コロナウイルス感染症の、蔓延《まんえん》のなか、継続して進められました。コロナ禍によって地域経済にも大きな負荷がかかり、さまざまな要因で生活困窮に陥る人が現れてきた社会状況のなかで、必要とされ、大きく飛躍していきました。スタート当初対応件数が年間二十数件ほどであったものが、2022年度には年間260件を超える支援要請に応えるという実績を残すまでになりました。

私たちがフードバンク事業を手掛ける前、いわき市内には子育て中の貧困家庭を対象にいわき市社会福祉協議会が運営する「子育て応援フードバンク」の存在がありました。しかし、その仕組みは、審査に時間がかかり、所持金が底をついて今日、明日食べるものにも事欠くという貧困家庭のニーズに即応できるものではありませんでした。一方、審査で認められれば恒常的に食品の提供が続けられるということで、支援依存の心配もあります。また、年間の対応件数が数件という実績にも疑問を抱かざるを得ませんでした。対象が18歳以下の子どものいる家庭限定であることも大きな矛盾を含んでいると私たちには見えていました。

そうした既存の事業の課題を自分たちなりに解決できる形でつくり上げたのが、私たちのフード&クロージングバンクでした。この動きに呼応するように、いわき市社会福祉協議会のフードバンク事業の見直しが行われ、その支援対象を広げることが2022年度に発表されました。私たちの動きがきっかけになったのではないかと想像して、嬉しくその報を聞きました。

フード&クロージングバンク事業は、地域企業からも信頼を得ていました。いわき信用組合からSDGs対応型の金融商品の支援先として寄付を受けるというような成果も生み出しました。地域社会のなかで、市民ファクターと地域金融機関の連携が本来業務のなかで進むという事例を、私たちは初めて身をもって体験しました。自分たちが市民活動団体として動き出したときには、考えられないようなことが起きているのだと、感慨深いものがありました。

ここまで、地域の課題と大括りに述べてきましたが、その実態はそこで暮らす一人ひとりが抱えているニーズにほかなりません。一人ひとりの想いから地域課題が規定されていくなら、地域課題が時代や情勢とともに変化するのは当然のことでしょう。

同時に、それに向き合うザ・ピープルのような市民活動もまた、活動に加わってくれている一人ひとりの想いで動いています。

変化する課題に向き合う私たちのような市民活動もまた変化していかなければ、同じまちで暮らしている誰かのニーズをすくい取ることはできないのです。

2 想いは「私」を超えていく――組織の課題、新しいビジョン

新たな出会い、新たなビジョン

変化する地域課題に食らいついていった結果、見えてきたものがあります。

なかでも一番大きかったのが、日本リ・ファッション協会の鈴木純子さんたちとの出会いでした。彼女たちとの会話を通して、「古着は資源であり寄付である」という30年近くザ・ピープルを支えてくれた信条をアップデートすることができたのです。

「いわき市民から提供される古着は、私たちの財産でもある」。当たり前と言えば当たり前ですが、倉庫に積み上がる在庫を前に日々を過ごすなかではどうしても得られなかったこの考えは、私たちに新しい事業展開を考えられるようにしてくれました。

名づけて、「繊維を無駄にしない社会づくり高度化プロジェクト」。何ともセンスのない研究会名ですが、私たちの目指しているところはまさにそこでした。構成員は、私が当時代表を務めていた2組織（ザ・ピープル、ふくしまオーガニックコットンプロジェクト）に、鈴木さんが代表を務める組織（日本リ・ファッション協会）を加えた3つの組織。そして、株式会社ゼロボードの石森昌子さんが専門家アドバイザーとして仲間に加わってくれました。石森さんは、ふくしまオーガニックコットンプロジェクトの栽培応援企業として日清製粉グループで社員ボランティア派遣の中核を担い続けたあと、株式会社ゼロボードに移籍し、脱炭素社会づくりの取り組みの最前線に立つようになった方です。

このプロジェクトを通して、私たちの視野はどんどん広がっていきました。

オーガニックコットンを育てたことで繊維の生まれる現場を目の当たりにした私たちだからこそ、これまでの繊維製品のお墓の番人としてリサイクルを進めるだけでは責任を果たしたことにならないのではないだろうか。もっと社会全体として繊維の無駄をなくし、地球全体が襲われつつある大きな気候変動を食い止めるために求められている脱炭素社会づくりに、少しでも寄与できるような取り組みができないだろうか。そんな議論が交わされるようになっていったのです。

そのとき私たちが頭に思い描いていたのは、以前から情報として接していた徳島県上勝《かみかつ》町のゼロウェイストの取り組みでした。鈴木さんと私とで、実際の現場を見てみたいと、2022年3月徳島県に足を運びました。町内にごみの焼却施設を持たず、集められる不用品はすべて何らかのルートでリサイクルしようという取り組みの現場です。資源ごみの分別はなんと46種類。しかも、リサイクルステーションには、町民自身が持ち込む仕組みができているというのです。

私は、「資源ごみ」というものへの感覚が変わるのを感じました。住民主体のまちをつくりたいと私たちはこれまで30年以上活動してきましたが、こうした意味での資源循環の主役として住民が介在する形をつくることには着手できていなかったということに気づかされたのです。「いわきを繊維製品の上勝に」というキャッチコピーに飛びついた私たちは、2022年度下半期、いわき市の産業創出支援事業の補助を受けて、自分たちの体験をもとにひとつの構想を組み上げることとしました。

それは、資源ごみの回収とコミュニティの活性化を同時に成し遂げられる場の創出でした。この構想には、上勝町での体験のほかにも、大和田順子さんからの紹介で現場視察を行った、株式会社アミタによる「MEGURU STATION」の神戸市などでの実践例も大いに参考にしました。「MEGURU STATION」では、プラスチックのリサイクルにもう一歩踏み込み、必要なプラスチックを品目別に集めてそのままプラスチックとして使い続けようという「まわり続けるリサイクル」を推進していました。

いわき市だったら、あるいは自分たちのプロジェクトだったらどう応用が利くのか、とても示唆に富む視察と

徳島県上勝町の資源リサイクルセンターでの研修

なりました。

思い描いた「1枚の夢」

高度化プロジェクトでの学びを活かす形で、2022年度下半期、ザ・ピープルの古着リサイクル倉庫に手を入れて、単なる古着倉庫ではなく古着のリサイクルを学ぶための場であるという看板を掲げることにしました。デザインは女子美術大学の三浦歌織先生にお願いし、倉庫に集められた古着はすべて寄付品であるということや、私たちのもとからどのようなルートに古着が流れ、再び資源として社会に戻っていくのかを知ってもらえるような掲示に仕立て上げました。

掲示をつくる過程をも、学びの場に変えました。たとえば、削減される二酸化炭素排出量の算定では、回収される古着は年間約260トン。このリサイクルによって削減される二酸化炭素の排出量は○○トン。この○○の部分に入る数字を出したいと、実際に回収された古着の組成を仕分けして、それぞれのリサイクルルートによってどの程度二酸化炭素を排出することになるのか算定することにもチャレンジしました。それも専門家の手によってではなく、一般市民の手によって。

加えて、オーガニックコットンプロジェクトの現場で、有機農法でコットンを育てる農作業のなかでどの程度水を使用しているのかを算出。ウォーターフットプリントの算出によって環境負荷をどの程度削減できているのか客観的に評価したいと考えてのことでした。

ある程度の成果と未来に向けた方向性が見えてきた2023年2月、いわき産業創造館においてこれまでの成果を報告する中間報告会を開催しました。このときは行政、団体、企業などそれぞれ違う立場からの出席を得、私たちの取り組みや今後の展望を披露しました。報告後には多くの質問もあり、実り多い時間となりました。

そのときに描いていた1枚の絵があります。廃校となった施設を利用して、繊維に関するさまざまな学びと体験の提供ができる場を描いたものです。古着を回収してきてストックするための倉庫があります。その倉庫から自分

いわき市小名浜の古着リサイクル倉庫に掲げられた掲示

たちの興味関心に合わせて仕分けを行い、それをアップサイクルしようと集まってくる若者たちがいます。子どもを連れたお母さんたちは、教室のなかに設けられたミシンで思い思いに古着に手を入れてリメイクしていきます。縫製の難しいところは、居合わせたおばちゃんたちが手取り足取り教えてくれます。校庭の花壇ではコットンが育てられ、収穫されたコットンを綿繰りして糸に紡ぎ、織り上げていくための工程を体験することができます。そして何より、そこにはさまざまな世代の人たちが集まってきて、笑顔の途絶えることがないのです。

私たちが描いた理想のサステイナブルファッションステーション

この絵のほかにも、プロジェクトに関連する「ファッションのサーキュラーエコノミーを考えるモニターツアー」や、日本リ・ファッション協会とザ・ピープルが共催した大規模イベント「『足りない×余ってる』を分かち合いで解決！フード&クロージングバンクのある優しいまちづくり」のなかで、高度化プロジェクトを紹介する鼎談《ていだん》やパネルディスカッションを行ったりするなど、一歩一歩、協働の未来づくりに向けた歩みを重ねようとしてきました。2023年度には具体的に事業が進んでいくと信じて疑うことはありませんでした。

地域の課題よりも組織の課題を後回しにした結果

古着リサイクルの定着に貢献し、震災やコロナ禍という緊急時の対応もこなし、いままさに地球温暖化にも立ち向かおうとしている。社会的にも認められた事業を継続的に実施できる主体として、ザ・ピープルは地域のなかで確たるポジションを得ていると私たちは考えていました。

しかし、その基盤が盤石なものではないことを、私たちは思い知らされることとなります。危機は、財務と組織という、私たちが「安定している」と思っていたところから

ファッションのサーキュラーエコノミーを考えるモニターツアー参加者たち。いわき市小名浜地区内の古着リサイクル倉庫前で

発生しました。次の地域課題に向き合うためには、自分たちの組織自体の課題に真正面から向き合わなければならないことを思い知らされたのです。

財務面では、ひとつには、古着リユース販売事業の中枢を担っていた古着販売用チャリティショップの旗艦店、小名浜大原店の入っているテナントビル自体の老朽化に伴う閉館。そして、それに代わる店舗獲得の失敗による事業収入の急激な落ち込みがありました。また、2022年度から申請する補助金獲得に失敗し続けたことで、人件費を含む財務状況が急激に悪化したことも響きました。

「どんなに社会的に意義のあることをしていても、財務状況がマイナスでは継続していくことはできない」

これは経営を改善できる手法がないかと話し合ったなかで出てきたザ・ピープル理事からの発言でしたが、まさにそうした事態が起きてきたのでした。

組織面はさらに深刻でした。あろうことか組織の要ともいうべき事務局メンバーと理事長である私の間の関係性に亀裂が生じてしまったのです。

日々膨れ上がる古着の山と倉庫で向き合う状態にあった私には、そこでの現実がある意味すべてとなっていました。倉庫に積み上がる古着の問題を解決するために組織一丸となって向かっていくことをスタッフに求め、一方では高度化プロジェクトなどの組織の外側で動きを増やす私からすると、なかなか一緒に動き出してくれないスタッフたちへの不満が溜まっていきました。他方、当時数名いた事務局メンバーからすると、要求ばかりするくせに組織の外にばかり出ている私に対して不満が溜まり、「理事長の動きにはついていけない」「理事長の態度はパワハラだ」という反応が返ってくるようになりました。私が事務局のあるプレハブに入ってくると途端に雰囲気が悪くなるので、入ってきてほしくないという言葉まで伝えられました。

私の頭のなかは、次々と起きるさまざまな問題への対応と古着の山のこと、そのほかの事業運営のことで埋め尽くされ、宅配便で日々届く古着を整理しながら事務局業務をこなしてくれていた事務局メンバーに対する配慮の余地がなかったのでしょう。表情が険しいものになっていく自分自身をコントロールできない弱さが私自身のなかにありました。

そして、自分が理事長であり続けることに対するストレスが溜まっていき、一度は2022年度末をもって理事長職からの退任を申し出ることにしようという判断を下しました。しかし、事務局メンバーから返ってきたのは、人件費削減のために自分たちが退職するという返答でした。少なくとも私より年下の事務局メンバーたちに後を委ねるつもりでいた私は、その後継者を自分自身の手でなくしてしまったのでした。

地域の課題に向き合っていたつもりで、組織の課題から目を背けていた。その手痛いしっぺ返しを受けることになったのでした。組織の経営立て直しが、2023年度スタート時点での最大の課題として私たちの目の前にそびえたっていました。前を向くことのできない日々。当然、足元の水たまりにばかり目線は落ちます。大きな閉塞感のなかに埋没してしまっていたのでした。

当然、思い描いた「1枚の絵」の構想の具体化は先延ばしにされることになりました。

襲いくる病魔。迫られた退任

2023年8月。財務と組織の立て直しに走り回っていた私に、さらなる追い打ちとなる出来事が起こりました。膵臓がんが見つかったのです。自身の体調不良により、現場で陣頭指揮を執るのは難しい状況に陥り、結果、ザ・ピープル理事長を退任せざるを得ない状況になったのでした。

何もかもがうまくいかない時期。大きな挫折感が私を襲いました。しかし、経営改革を図るザ・ピープルという組織にとっては、組織創設期以来の旧弊を取り除くまたとない好機といった見方もできる時期でもありました。私が関与し続けることで、どうしても身の丈以上の事業をやろうとしてしまう、社会課題解決のためには時にそろばん勘定を度外視してしまう、そんな組織体質を改善するためにはこのタイミングを除いてチャンスはないのでは、と。

そのことを見抜いていた副理事長の島村守彦さんの一言が、私に決断を迫りました。

「理事長の健康問題が組織内に混乱を生んでいる。一方、今までと同じ組織では経営が成り立たないことは明白だ。ではどうするのか？　理事長が経営から離れるという号砲を鳴らしてもらわなければ、この混乱のなかから走り出すことはできない」

私が理事長職を離れることが、この組織の今後にとって必要だ。その決断を、私は静かに受け入れました。

想いは「私」を超えて——これからのザ・ピープル

私自身の理事長退任が、どれほど効果のあった事象であったのかはまだ正確に評価できません。しかし、少なくとも挫折のなかから這い出すための手立てを皆が模索し出したのは間違いありません。

島村さんとともに副理事長を務めてくれていた渡辺健太郎さんが、新理事長としてザ・ピープルの中心的な役割を担おうとしてくれています。渡辺さんは以前からのコットンチームリーダーとしての役割に加えて、ザ・ピープルの古着リサイクル事業にも魅力を感じてくれていたことから、リサイクルシステム全体を見渡した改善策を提案し、その先頭に立って動いてくれるようになりました。若い世代の人たちからも大いに魅力を感じてもらえる古着リサイクルの活動へ。渡辺さんを中心としたチャレンジが始動しています。

さらに、ザ・ピープルの経営立て直しのための協議の場に鈴木純子さんも加わりました。彼女が持っている古着リサイクル業者とのネットワークを活用して、今までとは違った事業展開が提案されるようになったのです。事務局員の大幅削減に対応するため、事務局業務を簡便なものにする具体的な方策の提案も次々なされています。連携が強みになるということを組織として体感できるようになったといいます。

そして、連携を描くうえで重要なポジションについてくれたのが、株式会社ゼロボードの石森昌子さんです。私たちのように地方都市において実践型の活動をしている市民団体のメンバーにとって、「社会全体がどのような方向に進んでいて、そのなかで自分たちが担える役割がどこなのか」を客観的に判断するのは難しい。それも他者に対して説明できるような数値化、可視化といったことには、いたって疎《うと》いというのが本音のところです。そういったウィークポイントをカバーして強みに変えるうえで力を尽くしてくれているのが石森さんです。

2022年度に「繊維を無駄にしない社会づくり高度化プロジェクト」として次へのステップを踏み出したことも、無駄になりませんでした。経営状況の厳しくなったザ・ピープルが、単体で果たすことが難しくなったミッション実現の部分を、このプロジェクトの枠組みを活用して進めようということになったのです。

いわき市平駅前いわき産業創造館で催された日本リ・ファッション協会とザ・ピープルの共催イベント

そのために、特定非営利活動法人ザ・ピープル、一般社団法人ふくしまオーガニックコットンプロジェクト、一般社団法人日本リ・ファッション協会がコンソーシアムを組むことが、いま改めて計画されています。

2022年度に一度描いた絵を、2024年度以降にもう一度描きなおそう。そのためのコンソーシアムなのです。

これまでの市民活動の体験を通して、想いを共有できる仲間との連携がいかに大切であるか身をもって学んできた私たちだからこそ、ここからの再スタートには大きな意味があると感じています。仲間から「組織を去る」という決断を聞かされ、自分自身も理事長職を辞するという挫折を経験したことで、30年以上身をおいてきた組織から決別することとなりました。ですが、そうしたことで見えてきたものがあったのも事実です。

だからこそ、ここからもう一度未来像を描き直してみたいと思っているのです。

もう一度目線を上げて。

これから一歩を踏み出すあなたへのメッセージ❹

「地域課題」は変わり続ける、だから「私」も変わり続ける

地域にある課題は複雑で根深く、簡単に解決できるものではありません。

衣類のリサイクルに向き合ってきたザ・ピープルは、30年という時をかけて、それまでにはなかった行動（＝古着はザ・ピープルの回収ボックスに持っていこう）を市民に提案し、定着させることができました。

しかも、地域課題はただ解決されるのを待っていてくれるわけではありませんし、課題そのものも変わり続けます。

それは、時に震災のような急激な変化もあれば、地域経済の停滞による困窮者の増加のようなゆるやかな変化もあります。また、リサイクルに関わる課題は、法律の改正やSDGsのようなグローバルな潮流の到来などにより、どんどん変化し、複雑に

なり続けています。古着のリサイクルの成功例と言われるザ・ピープルですが、変化し続けなければ思い描いた未来を実現することはできないでしょう。

「課題の大きさ・複雑さ、そして時間軸の長さに、押しつぶされそうになったことはないんですか？」

そんな問いを投げかけられたことは、一度や二度ではありません。もしかしたら、これを読んでいるあなたも、そう思っているかもしれません。

私自身、ひとりの市民として小さな違和感から活動を始めたころには、社会に影響を与えるような変化を生み出せるまで続けられるとは、思ってもいませんでした。ただ、なぜ活動を続けられ、変わり続ける課題に向き合い続けられたかについては、ひとつだけ、あなたに伝えられることがあります。

それは、「私」も変わり続けたから、です。

課題が変化していくとき、これまで成功してきた方法を手放したり、異なる課題に踏み出したりするのは、とても怖いことです。震災、複合災害によるコミュニティの分断、コロナ禍と、どれかひとつをとってみても、これまでのやり方だけでは対応できないことだらけでした。でも、変わることを恐れていては、目の前で苦しんでいる人――それは、いつかの自分だったかもしれない人――を助けることはできません。

もちろん、私自身、決して完璧なリーダーではありません。組織に混乱をもたらしたり、財務面で弱さを抱えていたりと、多くの方に迷惑をかけてきました。ですが、目の前の状況を見て見ぬふりせずに、変わり続けることからは、逃げずにやってきたということだけは言えるのではないか、と今は思っています。

だから、もしあなたが向き合っている課題に圧倒されたり、その変化を怖いと思ったりしたときこそ、自分自身が変わり続けることを意識してほしいのです。

変わることを恐れずに行動し続けていけば、これまでに紡いできた「人の縁」や「有形無形の財産」が、次の一手を指し示してくれます。そして、そうした積み重ねがあれば、たとえ自分の代では解決できなかったとしても、次の世代へと「バトン」をつないでいくことができる。私は、そう信じています。

5

一人ひとりの「私」から未来は変わる

自分自身の声を聞く

「市民活動の総括をしたい」

本書を執筆しようとしたのは、自分が次のステージに行くために、これまでのことを書き残しておきたい、そんな動機からでした。

だから本当は第4章、つまり私がザ・ピープルを離れる決断をしたところまでで、一度筆を擱《お》きました。


ところが、本書の元となった草稿に目を通してくれた水俣病センター相思社の遠藤邦夫さんから手痛い指摘をいただきました。

「これでは単なる記録集。面白味も何もない。聖人君子のような吉田恵美子がしてきたことではなく、人間吉田恵美子がもがき苦しみながらしてきたんだということが伝わらないとだめです」

そう言われて私はハッとしました。


事実、書き始めたときから、私のなかではどれだけ「私自身のこと」を書くか、迷いがありました。自分の内面に目を向ければ向けるほど、ベールに包んだままにしておきたかった私自身の過去から、身近な人や関わりのある仲間たちとの間で起こった衝突まで含めて、詳細に触れざるを得ません。果たしてそこまで踏み込めるのか、という葛藤を抱えていたのです。

しかし、書き進め、また出版に向けて全編を推敲するなかで、こう感じるようになってきたのです。「私」の物語のなかにも、「なぜこんな活動を長年続けてこられたのですか？」という多くの方からいただく問いへの「答え」の一端があるのではないか、と。

だから書きたい。書かなければならない。その一心で、吉田恵美子というひとりの市民の物語を、最後に記します。

1 市民活動を担うのは「誰」か——幼少期から最初の挫折まで

不自由のない家庭で、不自由を感じて——子ども時代

1957年4月9日、父永山恵司と母タカの長女として、私は生まれました。4歳上の

兄・雄一と1歳年下の弟・善久の間のひとり娘です。

父は常磐炭鉱の機械技術者。その後、閉山に伴い勤め先はクリナップ株式会社、いわき精機株式会社と変わりましたが、技術畑一筋で、いわき精機で働いていたころには科学技術長官賞を受賞した経歴を持ちます。

父の実家は農家できょうだいも多かったため、高等教育を受けられたのは、成績優秀ならば授業料免除、という恩恵によって東北大学工学部への進学が認められた父ひとりでした。ほかのきょうだいたちとは別鍋で調理された食事を出されていたというエピソードがあるくらい、母親から別格扱いをされていたと伯父たちから話を聞いたことがあります。

一方の母は専業主婦でしたが、ある時期から親戚のタクシー会社の配車係をして家計を助けていました。

母は、地元いわきの常磐湯本町で味噌・醤油の醸造商いを行う屋号「大蔵屋」の長女として生まれ、母曰く「乳母日傘《おんばひがさ》で育った」。昔を懐かしんで、母が語る思い出話のなかには、自宅から湯本駅まで他家の土地を通らずに行くことができたという農地解放前のさまがよく出てきました。

そんな両親のもとに育った私。決して貧しくて不自由な暮らしをしていたわけではないのですが、子ども時代には明るい印象を持ててはいません。

技術者として非常に優秀であった父は仕事熱心で、お盆と正月以外にはほとんど仕事を休まないような人でした。土曜も日曜も会社に出ていく父は、夕方以降帰宅しても仕事のことがずっと頭から離れないようで、新聞折り込みチラシの裏面に機械の設計をずっと書いている姿が常でした。当然、テレビを見ながら一家団欒という雰囲気ではなく、父が帰宅すると、父の邪魔をしないように、静かにするというのが家庭のなかの不文律でした。

それどころか、自分の意に添わないことがあったときの父は、手を上げることが少なくありませんでした。今なら、「DVだ!」と言われるような話ですが、まだ年端もいかない子どもたちの前で、父は食卓をひっくり返し、母や私たちを殴りつけようとしました。

そんな家庭に育った割には、きょうだい3人とも道を

幼少期。父母と兄とともに

踏み外すことなく、他所《よそ》からは「優秀で、とてもいいお子さんたち！」との評を受けていたようですから、子育てとは奥深いものです。きっと、父の果たせ得ぬ役割を母が全身の愛情をもって埋めようとしてくれていたのだと思います。ただ、父は父なりに家族に対する愛情は持っており、彼の技術力が発揮されて、我が家の二段ベッドも、物置も、ブロック塀も、ありとあらゆるものが父の手づくりでした。そして、掃除機であれ、洗濯機であれ、修理をして使い続けるのが当たり前という暮らしがありました。

日曜学校で芽生えた利他の心と、その限界

父との関係性のなかからの救いを求めてでしょうか、母は一時期プロテスタント派のキリスト教会に熱心に通っていました。小学校時代の私も、日曜学校に通うというのが日常の習慣でした。おそらく私の精神的なバックボーンの何割かはこの日曜学校での経験から形づくられたものだと思います。

「私はこのまま生きていて神に許されるのだろうか？」

これが、当時の私のなかの最大の疑問でした。そんな自問のなかから、他者を思いやり、

他者のために手を差し伸べることが、自分自身を生きるうえで自分に求められているという意識が芽生えていました。

しかし一方で、日曜学校に行った際に目や耳にする情報のなかで、ベトナム戦争やアイルランド紛争などキリスト教を信奉している国の人々が武器を取り、自国の主張のために人を殺すことを厭《いと》わないという現実を知り、キリスト教に対する限界を感じ、率直に落胆することも多くなっていきました。

多くの矛盾、そして悶々とした思いを抱えながら過ごした子ども時代。そのはけ口を探していたのでしょう。私の学校生活はある種いびつなものになっていました。小学校の担任から、親に問い合わせがあったそうです。

「恵美子さんの教室での様子はにぎやかで明るいが、その度が過ぎるようです。家庭で何かあるのではないでしょうか？」

私にとって、学校は家庭内のストレスを発散する場になっていたのでした。先生に褒められたい。学習発表会では主役を演じたい。みんなの注目を集めたい。信仰で手にした他者への思いやりとは裏腹に、何とも自己中心的な部分もある子どもでした。

コンプレックスから逃れた先で「生き方の基礎」を知る——青春時代

「我が家では、あなたたちに財産を残してあげることはできない。残してあげられるのは教育だけ。だから大学に進学しなさい。でも、私立大学の学費は出してあげられないから、必ず国立大学に入りなさい」

　これが、子どものころから母に言われてきた我が家の教育方針でした。それに応えて、兄は東京農工大学に進学して獣医師となり、仙台市に就職。弟は新潟大学医学部に進学し、その後新潟市民病院の新生児医療センターの専門医となりました。両親の教育方針を見事に体現したのでした。

　一方の私が進学したのは、奈良女子大学文学部。母は将来的に直接職業につながる薬学部への進学を望んでいたようでしたが、私のなかには実学よりももっとアカデミックなものに憧れる部分があり、磐城女子高校時代に修学旅行で訪れた京都や奈良の伝統的な文化の香りに魅せられて、修学旅行の続きがしたいという理由での大学選択でした。

　女子高から女子大へ。この進路を選択するにあたって私のなかにあったのは、ある種のコンプレックスでした。兄と弟は地元の進学校である磐城高校に学び、テニスやスキーをたしなむスポーツマンであり、成績も優秀、しかも、所謂《いわゆる》イケメンです。そのうえ、ちょうど学生運動の盛んな時期に磐城高校で授業ボイコットなどの輪に加わっていた兄たちには、熱いパッションのもたらすなんとも言えない魅力もありました。

そうした兄弟、そしてその周りに集まる粒ぞろいの友人たちが素晴らしく見えれば見えるほど、私のなかで、自分自身がそうした人たちと互角にやり合っていけるという自信が萎《な》えていくのを感じずにはいられませんでした。父との確執のなか、家から離れたいという思いは常に私のなかにありました。そして男性と直接的に競い合わずに済むという選択が、奈良女子大学への進学でした。

家から離れたことで、それも関西というそれまでとはかなり異なる文化圏で生活するようになったことで、私の内面は変化していきました。奈良で真っ先に私が体験したのは、興福寺の境内で催されている薪能《たきぎのう》。その妖艶な舞台に魅せられた私は能楽にのめり込み、

小学生のころ。自宅の庭で兄、弟と3人で

観世会という学内能楽サークルでの活動を中心に大学生活を送ることになります。そして、漠然と日本の伝統文化に対して抱いていた憧れから史学科専攻を選択。まったく深い動機もないままの選択ではありましたが、日曜学校以来長く抱いていた社会に対する問題意識がベースになった形で、近現代史を専攻。奈良女子大学名誉教授の故・中塚明教授との出会いを得ることになりました。

中塚教授は、日韓関係について長く研究を重ね、多くの著作を残しておられる先生です。その先生のもとで、社会の底辺に温存されている差別と偏見の存在について多くの学びを与えられるとともに、そうした課題に立ち向かい続ける姿勢というものを学ばせていただきました。ある意味、生き方の基盤を中塚教授からいただいたのでした。

しかし、私は在学中の就職活動の場面で問題を起こし、先生との間にわだかまりを残した形で卒業することとなってしまいました。先生と和解ができたのは、卒業から30年が経過した際に催された還暦記念の同窓会の席上でした。学生時代のわだかまりを先生も覚え

大学時代。能楽サークルの発表会にて仕舞を舞う

ていて、ずっと気にかけてくださっていたのでした。そこから復活した親交は、その後の私の人生にとっての宝物になりました。

差別と偏見に向き合う

母から聞かされる昔話で、ずっと印象に残っているものがあります。

「(彼女の父である)おじいちゃんは、戦時中常磐炭鉱で働いていたときに、朝鮮からの強制労働者として炭鉱に働きに来ていた人たちを面倒見ていたことがあった。そのときに、おじいちゃんは差別することなく優しく接していたので、戦後もその人たちと交流が続いていた」

その話がきっかけになって、大学の卒業論文で常磐炭鉱での強制労働の実態に関して研究しようとしていた時期もありました。しかし、中塚教授から「そういう問題を扱うと、これから自分にそのことを原因とする攻撃が、社会のある勢力から加えられることを覚悟する必要がある」と言われ、断念した経緯がありました。社会的な差別と偏見の存在が自分自身の身に実害を及ぼす可能性があることを実際に意識させられた場面でした。

東北の地方都市に生まれ育った私にとって、被差別部落の問題も在日朝鮮人の問題も、教科書のなかにある歴史的事実ではあっても、日常生活で直接見聞きするレベルのものという認識はありませんでした。奈良女子大学に進学して初めて、被差別部落問題が直接的な社会問題として語られる授業を受講し、現実の問題としてのリアリティを持つことができたのでした。

さらに卒業後、奈良市内の中学校で教鞭をとった際に、被差別部落問題対応の役割を割り当てられたことで、実際にその問題に向き合う子どもたちとの出会いを持つことになりました。子どもたちにアドバイスできるものなど自分のなかに何も持っていないことを、改めて私はその場面で気づかされました。

大きな挫折を抱え、故郷へ

史学科の研修旅行先の岡山にて。左端が中塚明教授

しかし、結局私の教員生活は1年間で終わりを告げます。赴任先は、非常に荒れていた中学校で、教員たちは体罰によって生徒たちを押さえつけることが普通にまかり通っていました。その空気感になじめぬまま私は体調を崩し、現場に留まることができなくなったのでした。福島への帰省。大きな挫折感が自分のなかに残りました。

挫折して戻った娘に対して、両親は想像以上に優しく迎え入れてくれました。子ども時代に父に感じていた怖さのようなものは消失し、非常に穏やかな家庭の姿がそこにはありました。一方、兄弟たちの結婚に対して自分たちの思うようではないと不満を覗かせる父の姿に小さな失望感を抱くことはありました。しかし、私はただ家庭内に波風を立てないでほしいと思っただけで、昔のように父の存在を全否定しようという気持ちにつながることはなくなりました。そこには、父の老いと私の成長が反比例していくのを見て取っていたのだと思います。

私がザ・ピープルの活動を開始した後は、父はその技術力を活かして木製の古着回収ボックスを20個以上製作して

1年間の教員生活を終えて、生徒たちとお別れに遊園地へ

くれました。母は毎月スーパーマーケットの店頭で開催される古着販売のチャリティバザーのボランティアスタッフとして、10年以上活動を支えてくれました。両親は私の市民活動の最大の理解者となってくれたのでした。

その後、私は非常に身近な場面で、差別と偏見を経験することになりました。人の心の奥底に潜む差別と偏見というものの存在に、いやおうなく直面させられることになったのです。

そのことがあって、私には差別と偏見という課題が容易にクリアすることのできないものとして強く認識されるようになりました。おそらくそうした下地があったから、東日本大震災後に地域で起きたコミュニティの分断に対して強く反応することになったのだと思います。

2 一市民が本気で動くということ——個人の想いが、やがてプロジェクトに

私は、この社会に存在しているのだろうか？——結婚そして家庭人に

大きな挫折感を持って田舎に戻った私は、しばらくして夫である吉田稔と結婚しました。見合い結婚でした。結婚を決意させたものは、彼が父と同じ東北大学の大学院修士課程を修了した技術畑の人であることでした。

日立製作所の関連会社である株式会社日立エンジニアリングサービス（HESCO）に勤める彼の人柄に、家庭的な優しさを見て取ったのも大きな理由になりました。日立市内に新居を構えて、吉田の両親からは離れて暮らすことが当初の条件でした。しかし、結婚の直前に吉田の母が亡くなり、ひとり残された

新婚旅行の旅先スイスのインターラーケンにて

義父との同居が大前提となりました。夫からそのことを告げられた当時の心境を残した拙い歌があります（背＝夫のこと）。

我が背より義父との同居告げられぬ
　風に吹かれてうなずく尾花

そして始まった義父との3人暮らし。それは、核家族で育ってきた私には大きなストレスとなっていきました。義父は、若い時代には北海道の炭鉱の所長として単身赴任の経験を持ち、病弱であった亡母を思いやって家事をこなすことを厭わず、家事全般なんでも自分ですることができる人でした。そして、そのレベルを私にも求めました。当時、魚は「ぼてふり」と呼ばれる行商の魚屋が持ち込む魚を購入し、自分で捌《さば》くことが当然とされました。鰹一本を、鮭一本を、捌くことができて当たり前と見られました。時には、アンコウが届き、それを義父と見よう見まねで下ろすこともしました。

夫はいわき市泉町の自宅から茨城県日立市内の勤務先までJRで片道1時間かけて通うことになり、朝は6時台、戻りは夜10時台の列車での通勤が当たり前になりました。

一方の私には、外で働くことは許されませんでした。「吉田の嫁が外で働くなんて、外聞の悪いことはさせられない」という大正生まれの義父の一言が大きな足かせになりました。その不満は、娘ふたりに恵まれても、私のなかで大きく渦巻いていきました。吉田家の嫁として、夫の妻として、娘ふたりの母として存在してはいても、吉田恵美子という個人は社会のなかに存在していないという疎外感でした。

大学時代からの趣味の能楽や狂言にのめり込んでもいきました。それでも埋まらない自分自身の内側にある大きな空洞。それを打ち払いたくて応募したのが、いわき市主催の第一回女性の翼の派遣事業でした。

私のなかの鬱屈した思いを察していたのでしょう。夫は「是非、応募したらいい」と背中を押してくれました。当時は長女の愉衣が4歳と二女の遥奈が2歳。子育て真っ最中の時期ではありましたが、いわき市の派遣事業に選ばれて行くという大義名分があったので義父も賛成してくれました。およそ2週間の

毎年恒例の氏神様への初詣。義父と娘たちとともに。二女が1歳のころ

派遣期間中、夫と義父とのふたりで娘たちの面倒を見てくれたことには、今でも感謝しかありません。この体験がなければ、その後の私の人生は今とはまったく異なるものになっていたでしょう。

社会のなかで生きたい

奈良で社会科の教員として中学校の教壇に立っていた当時、私にはひとつの想いがありました。「社会科を学ぶということは、他者の痛みを分かり合えるようになるための、知的・精神的ベースを自分自身のなかに持つことである」と。

そして、その想いを生徒たちに伝える術《すべ》がほしくて、初めての給与で購入したのが、「水俣」を撮ったユージン・スミスの写真集でした。伝えたいことが、私のなかにはありました。

しかし、ある時期から、私は授業のなかで「○○さんが○○をしました」と語り続けることに、飽き足りなさを感じ始めました。他者がしたことではなく、自分自身が何をしたのかを語りたいという想いでした。社会のなかで自分自身が何者であるのかをきちんと証明したい、という承認欲求だったのかもしれません。なかなか果たすことのできなかったその承認欲求を満たせる場面が、ようやく私の手元にやってきた——。それが、ザ・ピープルへの参画だったのでした。

嫁として、妻として、母親としての役割を果たしながら（本当に果たせていたのかは疑問が残りますが）、私はザ・ピープルの活動にのめり込んでいきました。古着リサイクルの活動が始まると、自家用車で古着を回収して回るということが日常になりました。銀行やスーパーマーケットに設置された古着回収ボックス。そこから溢れ出してバックヤードのカートに移された古着の山を自家用車に積み込んで小名浜の倉庫に運ぶということを日々繰り返していました。子どもたちの長期休暇の間は、その古着の山の上に子どもを乗せながら古着の回収に連れていくというようなことも度々で、二女の遥奈が小児喘息を患っているにもかかわらず、そうした活動から離れることは思いもつきませんでした。

自分は社会とつながっている。ザ・ピープルの活動現場が、私に充足感をもたらしてくれたのでした。

ザ・ピープル設立間もないころのおさがりバザー終了後、スタッフとともに

市民活動に邁進する私を家族はどう見ていたか

長女の愉衣が大学生になって家庭を離れるとき、彼女から言われた「私はお母さんみたいにはなりたくない」という言葉が私のなかに長く残りました。

だいぶ後になって、長女はそのときの心中を、こんなふうに説明してくれました。

「私はお母さんのやっていた活動をすべて否定していたわけではない。お母さんたちの海外支援活動現場に足を運んだ体験があったから、大学でタイ語を学びたいと考えたのだから。お母さんが海外で活動する場面を見ていたから、自分自身も外資系の企業に入って海外とつながる仕事をすることに抵抗感を抱かなかったのだから。遥奈が看護師を選んだのも、きっとタイでの支援活動の体験がベースにあってのことだと思う。でも、活動のためにと、帰宅がどんどん遅くなり、お祖父ちゃんに叱られても態度を改めようとしないお母さんのやり方に対して、『こんなに家族に協力してもらっているのに、お母さんは感謝が足りない』と思っていたのは事実。お母さんは家計を助けている訳でもなかった。お祖父ちゃんが家庭を守ってくれていると私は感じていた」

「お母さんのようにはなりたくない」の一言に込められた深い思いに気づいてあげられな

かったことを、私は改めて反省しました。

夫は言います。「お前のやっているのは道楽だ」と。ボランティアサークルとしてスタートした時点から、私のなかでは金銭的な代償を追い求めないという姿勢は当たり前のものとして存在していました。そうした想いを仲間にも共有することができると考えていた時期もありました。組織に関与してくれた人たちに金銭的な代償が支払えないことで人が離れていくという場面をいくつも経験し、金銭的な代償を提供する必要があることは理解できるようになりました。しかし、それよりも組織のミッションをどう実現するかに自分自身の目標はあり続けました。それは義父に対しての大義名分を必要としていたということが影響し続けていたのかもしれません。

しかし、その裏には自分自身は生活の糧を夫にすべて依存し、自分のやりたいことだけを追い求める、まさに道楽者の姿があったのでした。この道楽者を妻とし続けてくれた夫には感謝しかありません。それが彼の社会に対するボランティア活動だったと言えるかもしれません。そして、そんな自己矛盾を抱えた母親を反面教師にしつつも許容してくれた娘たちにも、心から詫びたいと思うと同時に感謝したいと思います。

「お前の道はどうもピープルらしいから、このまま進め」——震災の後に

東日本大震災は、我が家にも大きな影を落としました。大規模半壊の住宅は、根本的な修理作業をすることを望まない義父の意向を受けて部分的な修理で住み続けるということになりました。気丈な義父は、身体的な自由が利かなくなってきた80代半ばになっても自宅で暮らすことを望み、デイサービスを週に一、二度利用することはあっても、基本自宅での暮らしを貫き、２０１５年自宅で大往生を遂げました。

「お前の道はどうもピープルらしいから、このまま進め」

晩年の義父から与えられたこの言葉が、私にとっての宝物になりました。

発災当時同居していた長女は、震災後3年目でいわきでの食品関係の就職先での仕事を諦めて、首都圏へ転職していきました。水産関係の職場であった就職先が、原発事故の影響で加工品の生産場所を福島県いわき市とすることができない事情を見聞きし、今後に不安を感じていたようでした。

発災当時、都内の医療機関で看護師として働いていた二女からは、いわきへの帰省を告げると「いわきへの帰省は放射能汚染の危険性が高いからやめたほうがいい」と仲間の看

護師やドクターたちから忠告されていたのだと聞きました。そんな忠告を受けながら、それでも二女はできるだけいわきに足を運び続けてくれました。

「いわきは危ない」という首都圏をはじめとする福島県外の人々の反応は、災害ボラセン運営のなかで何度も見聞きしたものでした。ボラバスを運行してくれていたグループの方からは、「地元に帰ると、『タイヤに放射性物質をつけて帰って来るな！ 洗車してから帰って来い！』と言われる」という話を聞きました。復興支援の物産展の会場で、福島産であるとわかると口に入れた試食品を吐き出す人がいるという話も聞きました。私自身、都内で福島復興支援をしているという方とお会いした際、福島県から来ていると名乗っているにもかかわらず「私は埼玉以北の食品は食べないようにしているのです」と告げられた経験があります。

こうした体験を震災後重ねるなかで、福島に対する風評被害払拭への想いが募り、ふくしまオーガニックコットンプロジェクトを通して人をこの地域に招き入れたいと考え

2006年ザ・ピープル総会にて。吉田の隣にいるのが事務局長の甘南備かほるさん

るようになったのだと思います。

未来の世代のために、何ができるのか

２０２０年、コロナ禍のなか、結婚してニューヨークで暮らすようになっていた二女夫婦が、帰国することになりました。そして、幼い子どもを抱えて娘が先に一時帰国して、いわき市に戻ってきました。その娘がいわき市への転入手続きを終えると、孫宛てに送られてきたものがありました。それは安定ヨウ素剤。原発事故直後に20歳以下の子どもたちに配られていた放射性ヨウ素の影響を軽減するための予防薬でした。その実物が、丸８年以上過ぎたタイミングで孫の手元に送られてきたことに、私はある種のショックを受けました。ここはそういう地域なのだと改めて知らされたような感覚を覚えたのです。

私自身は、震災後早い時期から早稲田大学大学院アジア太平洋研究科の松岡俊二教授とのご縁をいただき、共著でいわきおてんとＳＵＮ企業組合に関する書籍を出したり、教授の開設された「１Ｆ廃炉の先を考える研究会」のメンバーに加わり、専門家との垣根を越えた議論の場に臨ませていただいたりしてここ数年を過ごしてきました。できるだけリベ

ラルな議論の場に身を置き、福島浜通りの今後を考えようとしてきたつもりでした。

しかし、その私の孫のもとに届いた安定ヨウ素剤を、私は素直に受け止めることができませんでした。そして、考えたのでした。こんな状況の地域をこのまま次世代に手渡すことは許されるのだろうか。孫が大きくなったときに、彼から投げかけられる言葉に私は答えられるだろうか。

「おばあちゃんたちはそのときに何をしていたの？　僕たちにこの問題を全部押しつけてしまっていいと思ったの？　僕たちにとって住みにくい場所になってもおばあちゃんたちは構わないと思っていたの？」

その疑問が自分自身のなかで大きくなっていきました。

その疑問になんとか答えを見出したいという想いから、私は震災体験の次世代への継承を事業に組み込むよう努力してきました。自分たちの世代では解決できない問題を生み出してしまったことをきちんと認めて次の世代

発病後、家族旅行で沖縄に。娘たち、孫たちとともに

に伝え、そして解決はできなかったかもしれないけれども、自分たちの世代がその解決に向けて一歩でも歩みを進めようとしていた姿勢、それだけは伝えなければならないと思ってのことでした。

地域課題に終わりはありません。そして、原発事故の課題は、一世代だけでは解決しえないものです。だからこそ、未来の世代に向けて、何ができて何ができなかったかを伝える責任が、私たちにはある。そう考えているのです。

私に未来を見続ける勇気を与えてくれるもの

２０２３年、私は32年間のザ・ピープルでの活動現場から身を引くことを決断しました。自分自身の内に生まれてしまった膵臓がんという病と向き合うことを最優先にせざるを得なくなったことが理由でした。しかし、それ以上にザ・ピープルという組織の経営ということを考えたときに、私の存在が旧弊と言っていいほど問題を生んでしまっているという気づきがありました。

長年、ザ・ピープルの理事を務めてくれた小名浜美食ホテル鈴木泰弘社長からは、「恵美ちゃんは経営者にならなきゃだめだよ」と何度も言われてきました。その言葉の意図していることは理解できましたが、私にはどうしてもなれませんでした。自分自身のなかに数字に対しての苦手意識があったことや、金銭的な部分を優先することへの違和感といったものを拭い去れなかったことが理由だと思います。そして、市民活動という分野に対する自分なりの想いが強くあったことで、その分野での成果を残したいというこだわりがあったのも事実です。一市民が本気で動いたことで、社会は変えられるのだということを実証したかったのです。

「世の中、そんなに甘くないよ」

そんな声が耳元から聞こえてくるようです。

しかし今、その足りない部分を補い合える仲間とともに、私は新たな歩みを始めようとしています。自分の内にある病のことも含め、自分自身でどこまでできるのかは未知数です。でも、仲間たちがいてくれるから大丈夫だと思うことができています。大きな挫折も味わったけれど、そのなかから立ち上がったからこそ強さが生まれたのだとも言えると思います。どこまで歩みを進めていけるのか、虚勢を張っているように聞こえるかもしれませんが、今は楽しみでならないのです。

渡辺健太郎さんが言います。

「吉田さんが戻ってくるまで、僕がザ・ピープルを支えてそのときを待ちます」

20歳以上若い彼のその言葉が、私に未来を見続ける勇気を与えてくれるのです。

これから一歩を踏み出すあなたへのメッセージ❺

たくさんの「私」の積み重ねこそが、変容の礎に

福島県いわき市という地域に生まれ、昔ながらの家長中心の家で育ち、兄弟にコンプレックスを感じ、選んだ仕事で挫折し、家庭に入った「私」の物語。

ひとりの市民の、平凡な人生。

本章を読んで、そう思われた方もいるでしょう。

ここまでの章で描いてきた、古着のリサイクルをまちに定着させ、震災による分断をコットン畑で埋め、変わりゆく地域課題を乗り越えるために先導してきた「私」と

は大きく異なる姿に、もしかしたらあなたは失望したかもしれません。

事実、ザ・ピープルを始める前の私自身、自分の人生を平凡どころか、マイナスのものだと見ていました。パートナーや子どもに恵まれていることは重々理解しながらも、どこか満たされない思いを抱えていたからです。

しかし、33年の活動を振り返ってみて思うのは、平凡で、時に挫折しながら歩んできた一歩一歩の積み重ねが、その後の市民活動に活きているということ。

父との関係性に悩む母に連れられて通った日曜学校。そこで目覚めた「思いやりの心」がなければ、困窮者を支援する事業は、なしえなかったでしょう。

奈良女子大学での学び、そして中学校勤務の1年がなければ、震災後のコミュニティの分断に対応するどころか、その課題に気づくことすらできなかったかもしれません。

家庭に入り、働きに出ることもできずに鬱屈とした気持ちで過ごした日々。しかし、それがあったから、第一回女性の翼の派遣事業に飛びつけたとも言えます。

たしかに、当時の私は、関係性もキャリアもうまく築き上げてこられなかったと諦めの境地でいました。

ですが、そんな私の人生にも、何かを変えていくうえで欠かせない大事な基礎が、たくさんあったのです。

だから今、もしあなたが自分に自信が持てないと悩んでいたとしても、これまでのあなたを否定したり、なかったことにする必要はありません。

どんな「あなた」も、この先の一歩にとって無駄になることはありません。

あなたがこれまで積み上げてきた「私」が、何かを変えていくうえでの原動力であり、基礎となるのです。

おわりに　後からやってくるあなたへ

この原稿を書いていた２０２３年のある日、看護師の若い友人から、ある相談を受けました。

「下の子どもが今小学３年生。その子どもの友人たちが休日になると朝からやってきて我が家は大賑わいです。夜勤明けの私としては、ゆっくり休みたいのだけれど、それは難しい。この子たちは休日行く場所がないんだと気づいたら、子ども食堂のような居場所をつくってあげられないかと思い立ちました。吉田さんたちは、どうやって活動を始めて、どうやって活動を続けてきたのですか？　仲間はどんなふうに集まったのですか？　活動を長年継続してこられた裏には、どんな想いがあったのですか？　ＮＰＯ法人格はどうやったら取得できるのですか？　市民活動って私なんかでもできることなのですか？……」

彼女からの矢継ぎ早の質問に答えるうちに、私のなかでこの原稿を通して伝えたいことの本質が見えたような気がしてきました。

後からやってくる彼女のような人たちが、ためらうことなく前に進むために背中を押してあげられたら……。

そんな想いで、メッセージを書き加えようと思いました。

後からやってくるあなたへ

あなたが、市民活動という形で動き出せるか迷っていると聞きました。

市民活動とは、「政治的または社会的な問題の解決を目指して、市民団体の構成員が特定の共通目的を達成しようとする政治運動、あるいは社会運動」（ウィキペディア）だそうです。その活動分野は広範で、市民活動と一括りに言っても、目指しているところも取り組みにあたっての手法もそれぞれまちまちで、自分がどこを目指していこうとしているのか迷う部分が多いと思います。

でも、市民活動は特別に問題意識の高い人間がすることでも、特別に犠牲的精神に満ち溢れた人間が取り組むことでもないはずです。自分が立っている場所で見つけてしまった課題。その課題解決のために何か策があるとしたら、そしてその策に自分なりにアプローチできると思い立ったなら、誰にでもそれぞれ市民活動のフィールドはあり、誰にでもそれなりの形でのチャレンジをすることはできると思うのです。気づいてしまった人間が、その気づきをもとに一歩動き出す。そのことの積み重ねこそが住民の手による地域づくりであり、国づくりであり、地球づくりであると思うのです。

あなたが目指す市民活動の在り方はあなた自身のなかにあるもので、誰からも強要されるものではないのです。もし、私たちの活動の形が望ましいものに見えたとしても、地域が違い、時代が違えばまったく違った形態を採るよう求められることも考えられます。あなた自身の気づきにこそ向き合ってください。

市民活動を進めるにあたって、私が特別に秀でた人間ではなかったことは、ここまで読み進めたら十分理解いただけたと思います。ただ、ひとつ特記することがあるとしたら、現状を「よし」としてしまうことなく、何かもっとよくできる方策があるのではないか、課題を解決する術があるのではないかという意識を持っていたということだと思います。そして、そうした想いを共有する仲間との出会いに恵まれたということだと思うのです。

30年以上前。今とはまったく異なる社会情勢のなかで、仲間たちとの出会いをきっかけとして動き出したとき、私のなかには自分ひとりでは決してできないことにチャレンジしようとしているワクワク感がありました。これは私にとって金銭的な対価とはまったく異なる次元での宝物という感覚でした。

そして、市民活動という地道な動きを継続していくための原動力となったもの。それは、想いを共有できているという仲間の存在と、活動を通して自分たちの想いを次の世代につないでいるという手応えにほかなりませんでした。

たしかに、長い市民活動の期間中、常に心強い仲間に囲まれていたという訳ではありませんでした。それぞれの想いがぶつかり合っていさかいを生むこともありました。しかし、それでも市民活動を継続したいという部分で想いを共有する仲間が皆無になるということはありませんでした。最低限「この活動をなかったことにするのはもったいない」という想いでつながることができる人の存在に助けられてきたのでした。

そして、次世代につなぐという面では、たとえば、10年以上前に私たちの活動現場で古着の仕分け体験をした中学生が、中学校の教員として生徒たちに教える立場になって、生徒たちを古着リサイクルの現場に連れてきてくれるというようなことが起きました。インターネットで私たちの活動を見つけてわざわざ現場を見たいとやってきてくれた大学生が、「こんな活動をやりたいと思っていたんです」と興奮気味に感想を語ってくれるということも起こりました。震災の後、小学校3年生のときにオーガニックコットンを育てていた子が、大学生になって今度はコットン栽培を手伝ってくれるという場面にも遭遇しました。そして、今回病を得て偶然訪れた調剤薬局で対応にあたった若い薬剤師の男性が、「よく知っている人にとても似ているのですが、ボランティア活動に関わりはありませんか？」と言葉を掛けてくれたのです。「ザ・ピープルという団体の代表です」と名乗ると、「学生のボランティア育成事業でお世話になりました。あの体験がなかったら僕はこの仕事を選択してなかったと思います」と語ってくれました。そんな体験の一つひとつが、何にも代えがたい宝物になっているのです。

自分たちの想いで進めてきた活動に対して、世代を超えたところで共感が生まれ、何らかの形でつながりたい、応援したいという仲間の輪を広げていることが実感できるとき、非常に大きなやりがいを感じます。それは、動き出さなければ決して得られなかったものだと思います。

環境問題に取り組む市民活動に絞ったお話をしましょう。思い返してみると、私たちの走り出した当時、豊かな自然環境の恩恵を受けることはある種、当たり前のものであり、その分野に特化した活動への支援は決して手厚くありませんでした。たとえば福祉部門のための活動を継続するための助成金はあっても、環境に対して動いたからといって、「それはあなたたちが好きでやってるんでしょう」というふうにあしらわれてしまうことがほとんどでした。そうした社会状況のなか、活動の必要性を伝えつつ、心を萎えさせることなく活動を継続していくことは、ある種メンタルの部分の強さがないとできないことだったのかもしれません。だからこそ、そういう活動に共感してくれる仲間をつくっていくことが大事で、そのためには自分たちの想いを伝えることが重要だと思ってきました。課題に気づいた人間は課題を伝える語り部でもあらねばならなかったのです。

でも、今は環境に対する課題が明確になっているだけに、社会のさまざまなファクターがともに協力して課題解決のために動かなければならないという意識は強まっています。環境に関してこれだけ課題が目に見える形になってきている時期。ここから10年、20年、30年の間にこの地域を、日本を、地球をどうするのか。この地球環境をどうするのか、喉元にナイフをつきつけられている状況であることは間違いありません。だからこそ、環境に対してきちんと課題意識を持っている人たちの存在は大切で、その一人ひとりがつながっていくことが求められていると思うのです。

33年前、いわき市内でも古着を燃やすことは当たり前のことでした。しかし、今いわき市では、古着をピープルのリサイクルボックスに投入することのほうが当たり前になっています。繊維製品の「お墓の番人」として長年活動してきた活動の成果がここにあります。そして、オーガニックコットンの栽培を通して国内で生まれる繊維製品のゆりかごを生み出したことで、地域のなかで繊維製品の循環の輪が閉じられるようになる日を私たちの手で引き寄せられると信じて疑いません。新しい「当たり前」をここから生み出していくのです。道は長いかもしれないけれど、決して諦めなければ、決して投げ出さなければ、成果を生み出す日は間違いなく迎えられると信じているのです。

後からやってくるあなたにとって、私たちの体験が少しでも力になれたら嬉しいです。がんばってください。応援しています。

2023年12月1日

吉田恵美子

1年後のあとがき

この原稿を書き終えてから、出版の日を迎えるまでに1年という時間が流れることになりました。1冊の本を世に出すという行為がいかに大変であるかということを、身をもって学ばせてもらった1年でした。

この1年の間に、私の周辺ではいろいろなことが起きました。

自分自身のことを言えば、身の内に生まれた病は膵臓だけではなく肝臓にも転移し、ステージ4であることが告げられました。そしてその後、化学療法を行っていますが、芳しい成果には残念ながら恵まれていません。でも、ペインコントロールがうまくいっているおかげで、この1年を有効に活用して日々を重ねることができています。

同じころに同じ病であることを公表した経済アナリストの森永卓郎さんが「幸福な病」と膵臓がんを評しておられましたが、たしかに、この1年を振り返ってみると私は「幸福な病」を得ているのだと感じる場面が少なからずありました。

休日のたびに今住んでいる神奈川から私に会いに来てくれる娘たち。そして、抗がん剤の影響で足先のしびれが取れない状態になった私の手を、常に引いて移動してくれるようになった夫。そうした家族への感謝の言葉が自然と口から出るようになった私自身。家族の絆をこんなに深く感じたことは今までありませんでした。

ザ・ピープルの事業では、新理事長の渡辺健太郎さんを中心に、何度も何度も事業形態変更のチャレンジが重ねられています。スタッフの数が少なくなってしまった部分を補うため、東日本国際大学や福島高専の学生たちにボランティアとしてイベント運営の協力を得て助けてもらうという流れが整備されました。今までには接点のなかった新しい取引先も見つけて、新生ザ・ピープルとしての歩みを着実に重ねています。

ふくしまオーガニックコットンプロジェクトとしては、2023年末で今まで「ブラウンコットン」として看板を掲げていた鈴木京子さんの農地を返却し、代わりにいわき市郊外の好間《よしま》町に新しい圃場の提供を受けてコットン栽培を始めました。それも、今までにはないまったく新しい形で。自然農法で、不耕起の農地で行うコットン栽培です。このチャレンジは、今まで製品の部分でつながりを育んでくれたパタゴニア日本支社の社員の方からのアドバイスを得て、始めました。マルチなどの人工物は一切使用せず、その土地の土壊が本来保有する力だけで作物を育てるチャレンジ。このチャレンジにも、東日本国際大学の学生たちが加わってくれています。

製品化を担っている株式会社起点からは、ジーンズが新製品として発売になりました。その名も「Cotton Grower Pants」。コットンを育てる農家のために動きやすさ、堅牢さを重視し、こだわりを持ったデザインになっているジーンズです。農作業やものづくりの現場から、その動きやすさに感動したとの声が返ってきています。

繊維の生まれる場所と帰ってくる場所での研修機能を整備したいと謳っていましたが、実際にコットン栽培の現場を半日、古着リサイクルの現場を半日といったスケジュールでの研修受け入れを依頼されることが多くなりつつあります。なかにはあさか開成高校のように、複数年、通い続けてくれることで、古着仕分けの方法を先輩が後輩に指導してくれるという場面にも出合えるようになってきました。

さまざまな場面で、さまざまな人が動いて、未来に向けた取り組みは前に前に進んでいます。その一人ひとりの胸のなかに生まれた課題への疑問と解決への意欲、想いがあれば、この動きが止まることはありません。あなたも一緒に前に進んでいきませんか。

ここまで書き進めるにあたって、家族や活動現場の仲間たちなど多くの人々に支えられてきました。改めてお礼を申し述べたいと思います。なかでも、原稿執筆当初からずっと寄り添ってくれた浅野里香さん、そしてこの原稿が1冊の書籍としての体裁を取れるように導いてくれた英治出版の廣畑達也さんには心から感謝しています。本当にありがとうございました。

2024年8月

吉田恵美子

寄稿

吉田恵美子と「私」

活動をともにして

甘南備かほる
特定非営利活動法人
ザ・ピープル前副理事長

吉田恵美子さんに初めてお目にかかったのは、私が50歳のとき。当時80歳のお姑さんと障害のある20歳になる娘を抱えていましたので、これから先ますます忙しくなることは確実なだけに、車の免許をどうしても取得せねばと考えていた矢先でした。

残業続きの職場と組合活動等で余裕などまったくなかった状況のときに突然「ヨーロッパ研修旅行」の話が来たのです。夫の妹が申し込んでいたのですが、都合がつかず代わりに行ってほしいと懇願されたのでした。30年間勤続の特典として1週間の休暇がとれる職場でしたが、家族のことを考えると二の足を踏んでいました。

「私の元気なうちに行ってらっしゃい」。お姑さんのこの一言がすべてでしたし、その後の私の活動の原点となったありがたい言葉でした。

いよいよ7名の参加者全員が集まった席にいたのが、若く溌溂とした吉田恵美子さん。なんと私の家から50メートルと離れていないお宅の奥様だったのです。何か不思議なご縁を感じました。英語もできて頭の切れる、コミュニケーション能力は抜群、ピープルの将来はすごくなるなと思いました。

出発した日から1週間、デンマークでは福祉施設を中心に、ドイツではリサイクル施設を中心に目の回るような忙しい研修の日々。何もかもが新鮮で頭を整理するのがやっとでした。この感動をどう伝えようか悩んでいましたが、帰国後すぐ「地球の裏側を歩いて」という冊子本の作成に取りかかることになりました。代表を務めてくださっていた方のお宅に覚えたてのワープロを抱え毎日のようにお邪魔しました。そこで見かけたのが庭の一角に設置されたプレハブ小屋。古着が天井に届くほど溢れていました。数人の主婦がキャーキャー騒ぎながら仕分け作業に取り組んでいました。私も文章づくりに飽きると仲間に入って手伝ってみました。吉田さんが古着の流れ等を話してくれました。「これはすごい運動だ！　今の時代が必要としているリサイクル社会とはこのことだ！」


感動で胸が躍りました。しかし当時の自分の忙しさを考えるとそんなことは言ってられないと思いました。「時々はお手伝いしますが期待しないでください」と言うと「好きなときにどうぞ、みんな自由ですから」との返事。少し拍子抜けした思いでした。

そんな私が古着リサイクルの話を友人知人、さらには身内に向かっても、とにかく誰彼なく語り始め、活動の仲間に引き入れてしまうようになったのですから驚きです。兄からは「ミイラ取りがミイラになる」とはお前のことだと笑われました。「ピープルを乗っ取るつもりかな」などと笑われもしました。いずれにしても、リサイクルの使命を担った思いで、愛車で走り出したのでした。

60歳で定年退職した私は、翌日から商工会議所小名浜支所の建物の一角にピープルの小さな事務所を構え、事務一切を任せていただきました。間もなく任意団体から法人格を取得。晴れてNPO

法人ザ・ピープルとしてスタートしたのです。理事長の吉田恵美子さんと事務局長の私たちふたりの呼吸はピッタリ。拡大する古着の倉庫の確保、回収ボックス設置場所の確保等にふたりで奔走しました。「古着を燃やさない福島県」を掲げ全国に発信していくや問い合わせの電話が殺到。古着が毎日事務所に送られてくるようになりました。事務所が古着の山になることも度々でした。

２０１１年3月11日、東日本大震災が発生するやピープルの事業内容は古着回収だけに留まっていられなくなりました。理事長からは提案が矢継ぎ早に飛び出しました。被災者支援のために災害ボランティアセンターの開設、復興支援ボランティアセンターの開設と、ニーズに応えながらスピード感を持って取り組まねば仕事は山積するばかり。全国から駆けつけて下さるボランティアは多い日には１８０名を超えることもありました。

震災から半年後、吉田さんが突然「オーガニックコットンをやりたいんだけど……」。私はコットンはわかるけど何で今オーガニックコットンなのか理解できずにいました。原発事故の影響を受け、いわき市の農家は苦しんでいました。耕作放棄地も多く見受けられていました。それらの惨状を見て彼女は動き出していたのだと思います。

結局、オーガニックコットンを研究している信州大学に、仲間20人を募ってバスで研修に行くことになりました。種蒔きからワタの刈り取りまで、教授の説明を受けましたが不安だらけでした。早速翌年の春、いただいてきた種を農薬を使わずみんなで蒔きました。雑草で全滅する畑もありましたが、失敗にめげず全国からボランティアの応援を受け収穫にこぎつけることができました。数年後「オーガニックコットンの全国大会」をいわきの地で開催できるまでになり、全国にその名が知れ渡ったのです。

こうした事業に取り組むためさまざまな補助金

制度を活用したのですが、ほとんどは理事長の手を煩わせていました。申し訳ないと思いながらもそれらの処理能力についていけない情けない私でした。多いときは1年で4本の補助金を活用した年もありました。

3・11の後、いわき市を襲った令和元年の台風19号による被害も甚大でした。二級河川夏井川氾濫によりひとつの町全体が床上浸水被害を受けたのです。支援のひとつとして使用済みタオルを送ってほしいと全国にネットで呼びかけたところ、あっという間に数千枚のタオルが集まりました。惜しむことなく配れたタオルは被災者に心から喜ばれ感謝されました。また避難所の方々に対し手づくりの食料配布も行いました。取り組むことは山のようにありましたが、理事長のテキパキとした指揮のもと、すべてやり遂げることができました。

自然災害が相次ぎ、貧富の差が大きくなってきた昨今、行政だけではどうしても解決できないことが山積する時代になりました。こんな時代だからこそNPOの使命は大きいと思うのです。そして何といっても、リーダーの存在こそが希望であり灯台だと思います。今さらながら年には勝てないと呟くようになってしまいました。申し訳ありませんが80歳を越え体力的についていけず、周囲に心配をかけていることを自覚したのを機にピープルを辞することにしました。吉田恵美子さんの後を追いかけ続けた30年間。何にもまして貴重な宝であり生涯の誇りです。

いつだったか恵美子さんのあまりの速さについていけず「お願いだからもっとゆっくり進んでほしい」と泣きごとを言ったときのこと。「あら、十分ついてきてるから大丈夫、大丈夫」とニコニコ笑ったお顔が今も忘れられない私です。

ともにこの地で活動を続けて

小林裕明　いわき商工会議所専務理事

私は、1984年に大学を卒業し、いわき商工会議所に就職しました。何もわからず、社会的な意識もなく、ただ仕事を覚え、実践していくことに精いっぱいでした。

今と違って、頼りになるのは、人と、本と、新聞でした。とりわけ、人は重要で、その人に学ぶこと、その人を通して広がる世界、そして、未熟な自分が階段を一段一段上っていくご指導をいただくことなど、これまで、多くの方々に育てていただきました。

そんな出会いのひとつが、ザ・ピープルの一員で事務局長となった吉田恵美子さんでした。私と同い年でしたが、とてもしっかりとした、頭のよい女性という印象でした。当時は、私も吉田さんもお互い静かな若手という感じでした。

1992年に、地域社会に対する問題意識の強い方々が結集し、行革国民会議と連携して、当時大きな動きになろうとしていた地方分権の議論と推進を地方の市民から起こしていこうと、「地方主権全国フォーラム」の第1回目を、いわき市で開催しました。それぞれが所属を離れ、一市民の立場で力を合わせて成しえた3日間に及ぶ大事業でした。

その実行委員会の一員として、吉田さん、私も参加させていただきました。吉田さんは、全国から集まった高い意識を持つ人たちを前に、司会を堂々と務められました。そして、このフォーラムは、全国各地に波及していきました。

その後吉田さんは、ザ・ピープルを前任者から引き継ぎました。さまざまな社会的な課題について、タイムリーに、スピーディーに、的確に取り組んでいるその姿に、いつも感心させられました。

エネルギッシュで、明るく、相手を気遣いながらも率直に意見を述べる姿、そして行動力は、いわき市の行政だけでなく、日本全国でも、国際的にも評価されています。

私は、彼女の活動の周辺で関わっていたにすぎませんでしたが、常に、問題・課題の現場に立って、その重要さをいち早く認識し、先見性をもって対応、解決に向けて動き出していくことの大切さを教えていただきました。

ザ・ピープルの合言葉の「元気なまちには　元気な主張を続け　元気に行動する市民がいる」は、今の時代にこそ、いわきにとって重要なことだと思います。

そして、技術の進歩、環境の変化に人が追いついていない時代だからこそ、これからをつくり上げていくヒントは、これまでのなかにあると思います。

ザ・ピープルの取り組んできたこと、そして吉田さんが、おそらく人生のすべてをかけて取り組んできたこと、考えてきたこと、悩んできたことを、ぜひ、これからの時代に活かしてほしいと思います。

現地グループとの出会いを得て

久家誠司
認定特定非営利活動法人
れんげ国際ボランティア会事務局長

はじまり

日本中がそうであったように、当初、私も東日本での津波の映像を見て、驚きと悲しみにくれて、しばらくは言葉もありませんでした。しかし、その16年前に起こっていた阪神淡路大震災での活動経験があった私は、「現場に行けば何かしらお役に立てることがある」と確信していわきに向かいました。広範な被災地域からいわきを選んだのは、原発事故の影響でボランティアなども集まらず、支援の手が足りていないのを知ったことと、九州からの比較的近い地理的条件のためでした。

ピープルとの出会い

いわきに着いて、避難所を何十か所も訪問しました。被災者のみなさんにお話を聞くのはもちろんですが、多くのボランティアの方たちとお話をしました。さまざまなバックボーンを持った方々とお話をするなかで出会ったのが、ピープルのみなさんでした。鮮やかなピンクのウインドブレーカーを着た甘南備さん（当時の事務局長）とお話をし、続いて吉田さんとの懇談を行いました。その話しぶりに惹かれ、翌日改めて事務所でミーティング。お互いにやるべきと考えていることがピッタリ一致し、避難所での被災者による自主炊き出しを始めることとなりました。

先人に学ぶ水俣研修

その町の人々は豊かな自然の恵みを享受し、なんの憂いもなく平和で幸せな日々を過ごしていました。しかし、そんな平穏な町に突然思いもよらない災厄が襲いかかり、人々の幸せは破壊され、苦難の底へと突き落とされます。これは公害の原点と呼ばれる熊本・水俣の今から70年前の姿です。しかし、心ある人々は逃げることなくその災厄に向き合い、「もやいなおし」を合言葉に、地域再生のために、ひいては人々の幸せを取り戻すためにさまざまな分野において努力を重ねてきました。いわきの人々を水俣にお呼びした理由がそこにあります（「もやい」とは「もやい結び」のことで、この結び方でつなぐと、たとえば船と岸壁などは、容易に離れません）。

突然未曽有の災害にみまわれ、苦悩するいわきにとって、水俣には苦難を乗り越えていくためのヒントが必ずあると考えました。問題や課題を解決し、地域を再生していくために参考となる研修施設や人材、そして何より苦難を乗り越えたもののみが持つ「魂」があります。

初回の成人の研修、そして時代を担う青少年の育成事業を合わせて5回行いました。若者たちには次の時代を引き受けていくためのたくましい意志が必要です。過酷な経験を持つ水俣の歴史を学んでもらい、彼らにそしていわきの将来へのエールになればと考えました。ピープルのみなさんは人選や事前研修、日程調整などでご苦労されたことと思います。

さて交流を行った熊本の、とある中学校の校長先生は「被災地域の学生との交流を引き受けるにあたって、どうやって勇気づけてあげようかと正直悩みました。ところが、彼らの精神的な成長に触れ、かえって私たちが勇気づけられ、勉強させてもらい、とても有難かったです」と話されました。このお話はいまだに忘れられません。精鋭たちを選び抜いた吉田さんの慧眼《けいがん》の賜物です。東日本大震災では各種事業を行いましたが、私にとって最も印象深いのはこの交流・研修事業でした。

尊敬と感謝の気持ちを胸に

私たち「れんげ国際ボランティア会」は1980年に設立され、長年海外での難民支援や貧困地域での各種支援活動を経験してきました。海外で慈善活動を行う際に重要なことのひとつが、現場を知る優秀な現地グループとの出会いです。いわきは海外ではありませんが、言葉、文化・伝統、土地勘などを熟知し、リソースも豊富なピープルと出会ってコラボができたことは、今でも大きな喜びです。そして特筆すべきは、2016年の熊本地震、2020年の熊本南部大水害において、ピープルはつながりのある方々に呼び掛けてくださり、多額の義援金や多くの支援物資を送ってくださったことです。この場をお借りして、改めて御礼申し上げます。

　最後になりますが、ピープルのこれまで行ってきた活動は社会的使命感に基づいており、困難な人々に寄り添う慈愛溢れるものです。今後とも進行中の各種事業が成功裏に進み、多くの人々に笑顔をもたらすことを心からお祈りいたします。

ザ・ピープルの活動に寄せて

強口暢子　いわき市社会福祉協議会顧問

　3・11東日本大震災は、大地震、大津波、原発事故が重なった世界に類を見ない複合災害として、さらに風評被害と津波被災地域のコミュニティ再生や、心のケア、原発事故に起因するALPS処理水の海洋放出の課題等、今なお続いています。

　当時、いわき市社会福祉協議会（以下、社協）の常務理事として任にあたっていた私は、あの日激しい揺れのなかで、ただごとではないと覚悟のようなものを感じていました。市災害対策本部からの情報収集や、市との協議を経て、原発事故の影響もあり「いわき市災害救援ボランティアセンター」を開設できたのは、3月16日となりました。

　原発事故の影響は大きく、被災者支援のためのボランティア活動の安全確保など不安や課題も多く、考えられるすべての支援を職員と試行錯誤しながら、市民のみなさまはもとより、企業団体のみなさまや全国各地からのボランティア、支援団体、NPO、NGOの協力支援を得て4月4日に本格的な体制で、被災者支援にあたることができるようになりました。

　そのようななか、震災後に自発的に支援活動に取り組んでいたザ・ピープルの吉田恵美子さんから社協傘下での小名浜地区災害ボランティアセンターの開設（4月19日）を認めてほしいとの申し入れがありました。市内には震災後、自発的に被災者支援に取り組んでいる団体や、NPO法人はほかにもあり、一NPO法人だけを認めることについての是非もありましたが、即断即決し、一体となって運営をお願いできれば大きな力になることは疑いないと、次のような理由で受け入れました。

代表の吉田さんは、市が1990年から女性を海外に派遣した「女性の翼 第一回生」であること、帰国後は「古着リサイクル活動」を20年間絶えることなく続けられていること、さらにザ・ピープルの先見性に基づくその活動が、多様な市民の参加を得て、経験・知見・ネットワーク等を構築しており、揺るぎない活動を継続していること。

私個人にとっても女性の翼派遣時から20年来の付き合いで信頼のおける方であり、将来的に地域課題解決のためのよきパートナーとなれると確信できたからです。

震災から12年。2019年の東日本台風。引き続くコロナ禍、2023年9月の台風13号と災害は続き、日常の生活を取り戻すことが未だできていない方たちがいます。

ザ・ピープルは市民が運営を担い、そのノウハウを市民に残したいとの思いからさまざまな活動を展開。東日本台風では、震災でのボランティアセンターでの活動を活かして支援を展開し、コロナ禍では「衣」に加えて「食」でも地域のなかに支え合いを生み出すことを目的にフードバンク事業を立ち上げました。私ども社協も、住民支え合い活動を基本に、生活困窮者生活サポート事業としてのフードバンク事業に取り組んでおり、軌を一にしてお互い連動し、活動は続いています。

2020年からのコロナ禍の影響もあり生活支援のあり方が変化し、さらには2023年9月の台風被害等相次いでいます。そうしたなか、住み慣れた地域でともに生き、支え合い、誰もが安心して暮らせるまちを目指し、地域に強い社協と分野に強いNPO法人が、地域づくりのため対等・本音の関係で、自分の暮らしは自分でよくする住民福祉向上を推進していくうえで、ザ・ピープルは必要不可欠なパートナーです。

ザ・ピープルの基礎を築いた吉田さんの33年間の活動は、いわき市民にとって、そして、活躍する女性にとって輝かしい存在です。

吉田恵美子さんのこと

里見喜生 古滝屋当主

ぼくが何度生まれ変わっても絶対まねできない人がいる。ひとりは、大谷翔平選手。もうひとりが、吉田恵美子さんである。大谷選手は、二刀流だが、吉田さんは五刀流。NPO法人代表（監督）、女房（キャッチャー）、母（遊撃手）、おばあちゃん（DH）、そして、我らがエース（ピッチャー）。吉田さんは、夕方の打ち合わせが終わると、走って（走塁もよし）マイカーに滑り込み（セーフ）、自宅に帰る（ホームイン）。実は、自宅で夕食の準備をしていたのです。そのことを知ったときに、到底かなわないと思った。

吉田さんのフェイスブックのアイコンの写真は、長い間ぼくのスマホで撮影したものだった。おてんとSUNのパネルの前で、コットンベイブを手にしてにっこり顔。このアイコンを、何万人の人が目にしたであろう。吉田さんも多分気に入っていて、十数年前の写真であっても使い続けてくれたのだろう。ぼくにとっての自慢のエピソードである。

吉田さんとの出会いは、震災から間もないころの、宮城県。NPO法人女性の活力を社会の活力に（JKSK）の合宿の場だった。いわきから参加したのは、ぼくと吉田さん。吉田さんのお名前は、震災前から知っていて、いわき市のいろいろな集まりでよく見かけていた。特に接点はなく、町で活躍されている女性のひとりという存在。合宿中は、特に直接は話さなかったのだけれど、岩沼沿岸部で畑が津波の被害に遭い、塩害対策をしているトマトとコットン畑を見に行こうという流れでご一緒することに。その帰りのバスの車中で、いわき市の農業の問題を熱く語り合った。オーガニックコットンをいわきでチャレンジしてみようと思いついたのも、この瞬間だった。

震災以降、混乱していたいわき市。吉田さんは、震災前から身につけていたあらゆる経験、知見を活かし、被災者や被災地域の声に出せない声に寄り添って実行に移していった。

そのなかで、いろいろな場面で吉田さんとタッグを組むことがあった。そのひとつが「交流サロン」である。震災と原発事故の直後から救援物資支給や炊き出しの支援を続けてきた吉田さん。対象者は、いわき市内の津波被災者や、原子力災害で避難してきた双葉郡からの被災者。原発事故の避難者に対して、快く思わないいわき市民の声が聞こえてくるようになってきた。仮設住宅や乗用車に落書きなどのいたずらにまで増長していき、とても嫌な気持ちになったことを今でも鮮明に覚えている。双葉郡からの避難者といわき市地元住民との間で大きくなりつつある軋轢《あつれき》に対し、どのような方法で誤解を解いていくか。そんな雰囲気のなか、吉田さんから提案をいただいた。「里見君の旅館の一部を使い、交流サロンをつくりましょう」と。

ある日の昼下がり、地元住民と市内で避難生活を送る人たちが古滝屋のロビーでワイワイガヤガヤ、笑顔が溢れかえっていた。看護師団による健康についてのお話やストレッチ体操、いろいろな手続き相談など。ここに来れば、どんな立場の人でも、気軽に時間を過ごせる。サロンは福島県の委託を受けて、吉田さんが代表を務めるＮＰＯ法人ザ・ピープルがコーディネートしていた。この顔が見える関係づくりには意味があり、顔を合わせていれば、疑心暗鬼で対立しがちな関係も和らぎ、軋轢が小さくなっていった。避難者が吉田さんと一緒にボランティア活動を始めたり。それらの様子をぼくは見続けていたが、まさにこれが吉田さんの真骨頂。優しくて、マザーテレサに見えるのだった。

いわきをつなぐもの

遠藤邦夫　水俣病センター相思社理事

吉田恵美子は「妙なる人」だ。ルビを「ミョウ」とふるか「タエ」とふるかでまったく意味が違ってくる。もちろん彼女の魔法のような笑顔も見逃せない。ザ・ピープルの理事長になったときに、前の人から「あなたが理事長では3年ともたないでしょうね」と言われたことを知ったので、私は彼女を信用した。そしていわきが水俣と同じような展開をすれば、60年経っても人や地域に悲しみが残っていることになると、彼女は確信したはずだ。

その昔「同情するなら金をくれ」というセリフがはやったが、ザ・ピープルにしても震災支援にしてもオーガニックコットンにしても、すべての事業は「人」と「お金」と「意思」が調和しなければ長続きはしない。困った場所・困ったとき・困った人が、必然的に象徴としての吉田を呼び招いたのだ。

２０１２年から4年間、水俣病センター相思社に勤めていた私は、れんげ国際ボランティア会の支援を受けて、吉田たちに引率された中高生たちに水俣病の話をした。その活動は報告書にまとめられて記録されている。水俣の反省と福島の現状を考えて、企業との適正な関係性の取り方や、偏見・差別の考え方などを中心的に解説した。水俣病の話もしたのだが、おもには東日本大震災と原発事故を我がこととして捉えるように働きかけた。またおさだまりの被害・加害論で、水俣病や原発事故を考えるのでは狭いことを伝えた。

この中高生は、東日本大震災と福島原発事故を経験して記憶している。自分たちのこれからを考えている。その後、いわきや福島で地域づくりや環境関係の活動に関わっている人もあれば、大都会に出て震災や原発事故を忘れようと暮らしている人もいるだろう。吉田たちがこの活動を企画した意図は、そんな短期的な生き方の是非を求めてのことではない。彼女たちが退場して5年経ち10年経ち20年経ち、この人たちが何かの拍子に大震災や原発事故を想起したとき、水俣に行ったことを含めてさまざまな記憶が表に出てくる可能性がある。そのとき、こんな言葉とともにありたい。

「痛みが鎮まることを乞うのではなく、痛みに打ち克つ心を乞えますように……不安と恐れの下で救済を切望するのではなく、自由を勝ち取るために耐える心を願えますように……」（タゴール「果物採集」）

彼らが「打ち克つ心」「耐える心」を「想起」から引き出せたら、吉田たちの意図は成就される。こうして残された記録や記憶が、それを助けるだろう。

東北は、はるか昔は蝦夷の国、近代の明治維新以降は総戦争体制・そして戦後の出稼ぎや集団就職などの時代を経てきた。一言では言われぬほどにそれぞれに過酷さがあり、東北の人はそれに耐え暮らしてきた。ほかの地域と比べてどうなのだと言うつもりはないが、そうしたことが東北の文化を創ってきた。「白河以北一山百文《ひとやまひゃくもん》」とは、たぶん東北の山河を見てその豊かさに嫉妬した薩摩の人間の吐いたセリフだろう。3・11東日本大震災・福島原発事故以来、天栄村のゼロベクレルのコメづくり・いわき放射能市民測定室たらちね・浜通り未来会議・外部者による「福島子ども健康プロジェクト」・いわきおてんとSUN企業組合などが活躍してきた。ほかにも原発事故で東電・政府を訴えている人々とその支援者がおり、またこれは私と意見が異なっているが、東日本大震災・原子力災害伝承館では関係資料が集められ記録されている。福島県の会津・中通り・浜通りの独自性と排他性が、この多様な活動を支えている。こういう背景でこそ、「みんなちがってみんないい」と使うのだ。ここに集合的トラウマを溶かしていく、福島のオリジナリティがある。

3・11東日本大震災・福島原発事故を生き抜いてきた無数のサバイバーのひとりである吉田の物語は、東北いわきの大事な記憶なのだ。

ふくしまオーガニックコットンプロジェクトを思い返して

渡邊智恵子 株式会社アバンティ相談役

2011年3月11日の震災において、首都圏と被災地を結ぶ「結結プロジェクト」が発足し、渡邊も参加することになり現地に集合しました。

そのときに、吉田恵美子さんと初めてバスのなかで隣り合わせになりました。彼女の口から出てきたのは「今たくさんの農家さんが離農し、耕作放棄の圃場が増えているのだけど、何とかならないか」という悲痛なる訴えでした。

風評被害で野菜も果物もお米も売れなくなっている。今まで福島はオーガニックの農家さんが多いほうでした。みなさん安全なものをつくってきたからこそ、早く離れていっているとのことだったのです。

「だったら食べるものではないオーガニックコットンを植えてください。収穫したものはすべて買い取ります」

これが最大の提案であると思いました。

我がアバンティは、オーガニックコットンの専門会社です。Made in Japanのオーガニックコットンをそれまでもつくってきました。ここでその圃場を増やして、もっともっと多くの国産のオーガニックコットン製品を世の中に出していこうと考えました。

見るからにこれが国産のものだとわかるように茶棉を植えました。信州大学繊維学部の協力を得てそこから種を供給してもらいました。

茶棉はコットンボールが小さいために収穫量が通常の大陸綿と比べると半分くらいです。

なぜそんなに収量にハンディのある茶棉を選んだかというのは、染めないでそのままの綿の色を生かして、その色のものが国産で福島オーガニックコットンなのだということが一目瞭然になると思ったからです。

農家のみなさんはオーガニックコットンの栽培は初めてでした。いろんな不安もあったと思いますが、全量を買い取りますからという条件に新しいチャレンジをする農家さんが、あの当時30人くらい名乗りを上げてくれたかと思います。土壌の線量チェックもしながら、収穫された綿もチェックして、安全な綿を提供してくれました。

その茶棉を10%入れた糸をつくり、そして生地をつくってオリジナルな福島オーガニックコットンの製品をつくることになりました。それらを吉田恵美子さんの団体を通して日本をはじめ海外にまで広めることもできました。

福島で原料の綿を栽培し、その製品を福島の会社がつくり、売る！　まさしく被災地における雇用創出です。

その活動は、さまざまな局面を迎えて難しい時期もありましたが、いまだに継続しているのは彼女の情熱以外の何物でもありません。

東京を中心にして首都圏からこのプロジェクトに援農してくれるツアーが毎月のようにあり、被災地をみなさんに知っていただき、彼ら彼女らの手を借りてオーガニックコットンの栽培がなされて、その製品の手ぬぐいやTシャツを買っていただいて……と、素晴らしい循環が生まれていきました。

被災地の復興としても最も優れた取り組みであったのではと感じています。

アジアの発展途上国は、繊維がその土台をつくってきたと思います。今だからこそ、オーガニックコットンが福島という国をつくる礎になるべきと考えました。

そんな渡邊の大義名分をしっかりと具現化してくれたのが吉田恵美子さん。

日本の歴史の1ページに「ふくしまオーガニッククコットンプロジェクト」が掲げられていくことと確信を持っています。

ふくしまオーガニックコットンプロジェクトという物語

大和田順子　教育テック総合研究所 上級研究員

筆者が参加（2015年6月～2017年、理事長）していたNPO法人女性の活力を社会の活力に（JKSK）では、東日本大震災からの復興に際し、東北の女性たちを首都圏の女性たちが応援しよう、という趣旨のもと、吉田さんのご著書にあるように、長きにわたってご一緒してきました。東京新聞のご協力を得て、2012年8月～2020年3月まで、「東北復興日記」「SDGs東北の未来へ」という連載を行いました。吉田さんには26回も寄稿いただきました。ここでは、その寄稿から「ふくしまオーガニックコットンプロジェクト」の足跡をたどってみたいと思います（お名前のない引用は吉田恵美子さんの執筆回のものです）。

「市内15か所、およそ1・5ヘクタールの畑で、市民や双葉郡からの避難者、そして首都圏からいわきの農業を応援しようと駆けつけてくださるボランティアの方たちも一緒に、農薬や化学肥料を使わずに栽培しています。来年6月ごろTシャツができる予定です。」（「東北復興日記」第1回、2012年8月10日）

「11月は毎週末、市内のいずれかの栽培地で収穫祭と銘打ち、首都圏からボランティアの皆さんと地域の栽培者の方々との交流会が催されました。そして、収穫されたコットンの種でできた人形〝コットンベイブ〟が誕生しました。」（同第18回、2012年12月14日）

「先月収穫したコットンを専門機関でベクレルチェックを行いました。そして、全栽培地の綿がND（不検出）との結果が届きました。移行率が低い作物とされていますが、あらためてNDとの結果を得られたことに、一同胸をなでおろしました。」（同第24回、2013年1月25日）

「ふくしまオーガニックコットンプロジェクト2年目の作業が始まりました。昨年1年間は全くの手探り状態でしたが、経験を積んだ今年は多くの頼もしい仲間を得て、自信を持って進められるようになりました。」（同第32回、2013年3月22日）

「このたび、たくさんの方々に支えられて育てられた、このいわきの綿を織り込んだTシャツが完成しました。6月22日、大久の綿畑にてお披露目セレモニーを開き、お祝いをしました。」（同第48回、木紅木《きくもく》オーガニック企画マネージャー、菅野友美さん、2013年7月12日）

「いわき市のイベントで手ぬぐい〝ふくしま潮目〟を披露しました。24人の方が百枚ずつ購入。手ぬ

ぐいにはそれぞれの思いをプリントさせていただきました。」（同第84回、2014年3月28日）

「今、市内の教育現場でも広がっています。今年栽培を手がけるのは、小学校20校、中学校9校、高校1校の計30校。」（同第139回、2015年5月22日）

「私たちが板橋区で育てた茶綿1・1キロ、白綿500グラムです。先月22日、福島県広野町で開かれた収穫祭で、私たちは、ふわふわの綿を吉田恵美子さんに手渡すことができました。」（同第166回、NPO法人いた・エコ・ネット理事長、横山れい子さん、2015年12月1日）

「『広野わいわいプロジェクト』では、『ひろのパークフェス』の開催、『プレゼントツリー』による防災緑地への植樹、オリーブやオーガニックコットンを活かした地域産品づくりなどを展開します。」（同第188回、2016年7月12日）

「『ふくしまオーガニックコットンプロジェクト』が始まり、わたしは2014年から参加しました。以来、1000人を超える大学生や企業人が私の菜園を訪れました。都市と農村の交流を通して、支え合う生き方を実践する場にもなっています。」（同第229回、柳生菜園経営、福島裕さん、2017年10月5日）

「東京都内であったふくしまオーガニックコットンプロジェクトの会合には約70名が参加。一人一人の中でプロジェクトは形作られ、大きく広がり、深まっています。SDGsのいくつもの目標をまたぐ形で、このプロジェクトは前に進もうとしているのです。」（「SDGs東北の未来へ」第4回、2018年5月5日）

　地元の子どもや大人、双葉郡の人、そして多くの首都圏の人たちが、ふくしまオーガニックコットンプロジェクトに参加し、ともに時間を過ごし、多くのことを学びました。決して楽しいことばかりではなく、たくさんの辛いことを乗り越えて、未来への確かな道が拓けているように思います。

SDGsにはウエディングケーキモデルという考え方があります。一番下の基盤となるのは水や気候、生態系など自然資本です。真ん中が社会資本（人と人とのつながり）、そしてその上に、初めて経済が成立します。ふくしまオーガニックコットンプロジェクトにあてはめてみると、環境保全型農業をベースに、さまざまな人が交流し助け合い学び合う。そして、サステナブルな衣服や雑貨の製造やツーリズムなどが行われていくのでしょう。ふくしまオーガニックコットンプロジェクトの物語はまだまだ続いていくことでしょう。

参考文献：
木全ミツ・大和田順子編『東北復興日記 No one left behind』NPO法人JKSK（2019年4月）
大和田順子他編著『SDGsを活かす地域づくり』晃洋書房（2022年4月）

ふくしまオーガニックコットンプロジェクトに参加して

河合　伸　東日本国際大学経済経営学部教授・学部長

「ふくしまオーガニックコットンプロジェクト」について取り組み内容を伺うために、吉田恵美子氏と初めてお会いしたのは、2019年2月でした。岐阜県出身で、こちらにはほとんど縁のなかった私でしたが、2017年4月に東日本国際大学経済経営学部に就職し、できれば学生とともに福島復興に携わる機会が得られないか模索していました。たとえば、地元金融機関の協力を得て、ゼミで、震災で影響を受けた食品工場を見学して新商品のアイデアを考えたり、商店街主催のイベントに参加したりしてきましたが、次につながる展開とはならず、試行錯誤していたところでした。

吉田氏から取り組み内容を伺い、震災前から古着リサイクルをはじめとした環境問題に取り組んでこられてきたこと、震災直後から福島復興のために具体的に行動を開始されていること、オーガニックコットンを育てるというユニークな取り組みをされていることなどから、地域に密着した復興のための活動として、学生が参加することに意義があると感じました。そして、それもさることながら、吉田氏の熱意と人柄に触れ、目的を共有できる信頼に足る人物だと感じたことも大きかったです。さらに2019年3月に私が本学に新たにできた東日本国際大学ライオンズクラブの教員顧問となったことで、実施に向けて弾みがつきました。

2019年4月から、東日本国際大学ライオンズクラブの活動と河合ゼミ（3年）の活動とを合わせた形で、「ふくしまオーガニックコットンプロジェクト」に参加する取り組みがスタートしました。まずは、大学のゼミの時間を使って、吉田氏から「ふくしまオーガニックコットンプロジェクト」の概要と意義をスライドや動画を使って説明してもらいました。私自身、まったく何もわからないところからでしたので、説明を通じて、この取り組みが、風評被害による耕作放棄地を放置しないこと、震災でバラバラになったコミュニティの再生など、震災後に生じた諸課題を解決するうえで重要な役割を担っているのだと学ぶことができました。

5月から開始したフィールドワークの中心は、「有機栽培による畑作業」でしたが、収穫された綿を使って糸紡ぎの体験をする時間も設けてくださるなど、毎回、学生たちに何らかの「学びの場」を提供する工夫がなされていました。そうしたなか、ネパールからの留学生は、実家の副業で糸紡ぎを手伝った経験があり、驚くことに素手で糸をつむぐ様子を披露してくれました。そして、その留学生から「この道具があれば、糸紡ぎが楽にできる」という要望を受けて、吉田氏は、「わかりました、これを事業化しましょう」と即座に提案されました。

この提案が実を結び、「地球環境基金」の助成金が2020年度から3年間得られることとなりました。このように本取り組みが順調に滑り出すなかで、2019年10月の令和元年東日本台風の被害は、最初の試練となりました。そのときに、床上浸水した平窪の農家さん宅の清掃作業のお手伝いをしたことが縁で、平窪のブラウンコットン畑で活動を行うこととなりました。しかし、2020年度は、コロナ禍という第二の試練が襲いました。大学も4月は休業となり、ネパールへの渡航計画もやむなく中止となりました。このままフィールドワークを実施していいか悩み、吉田氏に率直に相談したところ、「少しでもいいのでやりましょう」と前向きなお返事をいただき、どうにか再開することができました。

毎年秋に行われる大学祭の「鎌山《れんざん》祭」では、活動内容の展示のほか、糸紡ぎ体験コーナーや「コットンアイデアコンテスト」を実施して、多くの学生からユニークなコットン商品のアイデアが集まりました。これらのアイデアのなかから最優秀賞が選ばれ、素敵な試作品までつくっていただき、それを展示しました。また、参加学生のなかには、小学生のときに体験していた学生も複数人いて、そのうちのひとりの学生が考案したデザインが、コットン畑の看板にもなりました。

本取り組みを通じて、ゼミ生をはじめ、地域貢献リーダーの参加、附属昌平高校生の参加、いわき短期大学生の参加など、多くの若者が参加できました。参加者のなかには、卒論を執筆したもの、自主的にインターンシップを行ったもの、地元に戻って自然農法による農業を始めようとするものなどがおり、この取り組みをきっかけに福島復興についてより深く「考える」ことができたのではないかと思います。私自身、この「フィールドワーク」を大学側としてコーディネートするなかで、「やってみないとわからない」貴重な体験をすることができました。この場をお借りして、厚く御礼申し上げます。

吉田恵美子の「厄介な」生き方

福迫昌之 東日本国際大学副学長・経済経営学部教授

吉田恵美子と最初に出会ったのは恐らく四半世紀より前、小名浜港に関する委託調査の際だったと思う。ただ、名刺交換をしたのはしばらく経って、必要に迫られてからだということははっきり覚えている。思い返せば、自分とは真逆の、文字通りのボランタリー（自発的）な行動と強い意志に基づいた言動、言い換えれば彼女の熱（圧）さに苦手意識を感じていたのだろう。

以来火傷しない程度の距離で、でも時々火傷しながら、オブザーバー（傍観者）として彼女の活動を見続けてきた。時に活動の現場で、時に行政会議の委員として、時に一友人として、さまざまな場面で顔を合わせてきたが、一見多彩あるいは「やりすぎ」な彼女の活動について、度々苦言を呈してきた気がする。彼女はそれを神妙な顔をして聞きながら、返す刀で難題をふっかけられ（相談され）、結局こちらが巻き込まれ火傷して（仕事をさせられて）しまう。

本書には、こうした彼女を突き動かす原動力や胆力の源について、「証明欲求」と「（ジェンダーとしての）女性」であることが赤裸々に記されている。誰しも自己実現願望や承認欲求を持っているが、彼女のそれは人一倍強い、が、それだけでなく、いささかこじらせているようだ。

それは「時代」が大きな要因であることは明ら

かだ。もう少し時代が下っていれば、随分楽だったのではないか、と思う。起業家として注目を浴びたり、フェミニストの論客あるいは人権活動家として世界を飛び回ったり、被災地に移住して復興に身を投じたり、政治を生業とする道もあったかもしれない。ただ、厄介なことに彼女はそれでは飽き足りないらしい。では、彼女は一体何をしたいのか、何を証明したいのか。

一言でいえば、彼女は「したほうがいいこと」をしているだけだ。衣服の大量廃棄が資源と環境に悪影響を与えるよりはリサイクルしたほうがいいし、多様なルーツやさまざまな特性を持つ人々が共生できるまちのほうがいい。被災者は少しでも早く立ち直るほうがいいし、貧しい国々の人々の生活は少しでも豊かになったほうがいい。どれもこれも、普通に考えればそのほうがいい、ことだ。少しSDGs（持続可能な開発目標）より早かった、というだけだ。ただ、なぜかそれが彼女には「すべきこと」になってしまうために、どうしても彼女の類いまれなる行動力に目が行ってしまう。しかし重要なのは、彼女の持つ「普通の感覚」なのではないか、と思う。

「イエ」に囚われ、「ムラ」に囚われ、そして「時代」に囚われ、それゆえ悩み、ぶつかっても、彼女は「普通の主婦」「地域の生活者」であり続けようとする（そうあれたかは別として）。そのひとつからでも逃れることができれば、自分の価値を最も高らしめる環境に身を置き専念することができれば、自己利益の追求と自己実現に折り合いをつければ、よりストレートに自らの承認欲求を満たすことが可能だったのではないか。しかし、それを彼女は潔しとしない。

彼女がなぜそうしたこだわりを捨てないのか、実はそれは明快だ。彼女が一貫して掲げる「元気なまちには　元気な主張を続け　元気に行動する市民がいる」、つまり彼女は「市民」でありたいのだ。別の言い方をすれば、彼女はまちづくりの三要素「よそ者・若者・バカ者」のどれでもなく（「バカ者」はかなり怪しいが）、傑出した「市民活動家」でもなく、あくまでまちづくりの主役であるその他大勢の市井の人のひとりであろうとする。

市民は、政治家でも専門家でも、ましてやエイリアン（異邦人）でもない。自らの生活環境としてのまちにあるさまざまな、そしてその時々に変化する課題に対し、ただひたすらに向き合い対応するだけである。その課題解決のために、彼女は産官学民、右から左、上から下、新から旧までウイングを広げて行動し、賛同者を募り、さまざまなステークホルダーとの協働を模索する。

つまり、彼女がなりたいのは本来の意味である「近代社会を構成する自立的個人で、政治参加の主体となる者」としての市民にほかならない。ただしそれは、近代市民社会の成立、彼女の言うところの「元気なまち」をつくることと同義であり、その構成員である市民となることが本懐なのだ。そんな市民がこの国にどれだけいるのかわからないが、結構な高さのハードルであることは間違いない。さらに厄介なことは、彼女がそれを証明しようとする相手が、自分自身という厳格で手強い評価者であるということだ。

この市井の一女性のライフストーリーの著者でもある吉田恵美子は、果たして彼女の半生をどう評価しただろうか。男社会に囚われ流される大多数の市井のひとりからすれば、彼女の功績そして勇猛果敢な姿勢にはただ感服するしかない。しかし、吉田恵美子の評価はもっと厳しいのではないだろうか。「市民・吉田恵美子」が思い描く未来は、まだまだ道半ばなのだろう。

イラスト：長谷川恵一

［著者］

吉田恵美子

よしだ・えみこ

特定非営利活動法人ザ・ピープル　前理事長
いわきおてんとSUN 企業組合　前代表理事
一般社団法人ふくしまオーガニックコットンプロジェクト　代表理事

福島県いわき市にて、地域のなかで「住民主体のまちづくり」の取り組みを33年間行っている。主たる活動は「古着を燃やさない社会づくり」と、東日本大震災後の地域課題と向き合うなかでスタートさせた「ふくしまオーガニックコットンプロジェクト」。

1990年創設の「ザ・ピープル」に参画し、ごみ問題への関心から古着のリサイクル事業を市民活動で実践。2000年から理事長を務め、いわき市を「古着を燃やさないまち」へと変容させる立役者のひとりとなった。

東日本大震災後、いわきの被災者と原発事故からの避難者とのあいだのすれ違いからコミュニティの分断を危惧し、耕作放棄地でのオーガニックコットン栽培を媒介にコミュニティ活性化を実現、地域課題の解決への筋道をつけた（2021年、ふくしまオーガニックコットンプロジェクトとして一般社団法人化）。

2023年自身の健康上の問題（膵臓がんの発病）から「ふくしまオーガニックコットンプロジェクト」の取り組みを残して、他の活動現場からは身を引くこととなった。2024年11月、逝去。

ザ・ピープル
https://thepeople.jp/

ふくしまオーガニックコットンプロジェクト
https://www.fukushima.organic/

● 英治出版からのお知らせ
本書に関するご意見・ご感想をE-mail（editor@eijipress.co.jp）で受け付けています。
また、英治出版ではメールマガジン、Webメディア、SNSで新刊情報や書籍に関する記事、イベント情報などを配信しております。ぜひ一度、アクセスしてみてください。

メールマガジン：会員登録はホームページにて
Webメディア「英治出版オンライン」：eijionline.com
X / Facebook / Instagram：eijipress

想いはこうして紡がれる
「古着を燃やさないまち」を実現した33年の市民活動を通して伝えたいこと

発行日 2024年12月14日　第1版　第1刷

著　者 吉田恵美子
発行人 高野達成
発　行 英治出版株式会社
〒150-0022 東京都渋谷区恵比寿南1-9-12 ピトレスクビル4F
電話 03-5773-0193　　FAX 03-5773-0194
www.eijipress.co.jp
プロデューサー 廣畑達也
スタッフ 原田英治　藤竹賢一郎　山下智也　鈴木美穂　下田 理
田中三枝　平野貴裕　上村悠也　桑江リリー
石﨑優木　渡邉吏佐子　中西さおり　関 紀子
齋藤さくら　荒金真美　太田英里　清水希来々
印刷・製本 中央精版印刷株式会社
ブックデザイン アルビレオ
カバー写真 長谷川恵一
校　正 株式会社ヴェリタ
レーベルロゴデザイン 松 昭教（bookwall）

ISBN978-4-86276-360-0　C0030　Printed in Japan

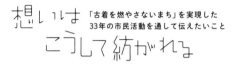

土着のイノベーション

立ち上げに寄せて

社会の変容は、足もとの変容からしか生まれません。
そして、足もとの暮らしを変えていくには、
まちに、土地に、地域に根ざした「まなざし」こそが欠かせません。
地域に長く根を張り、世代を超えて持続的な変化をもたらす
「土着のイノベーション」ともいうべきムーブメント。
世界中で同時多発的に起こっているこの変化の「さざなみ」を、
あるときはその担い手に、またあるときは地域のエコシステムに、
さまざまな角度から光を当て、読み手の暮らしの変容へとつなげる。
そんな想いを実現すべく、
足もとから立ち上がる変容の軌跡をアーカイブするコンテンツレーベル
「土着のイノベーション」を立ち上げます。

大切にしたい5つのこと

1 変容の当事者性
生活・暮らしは、わたしたちの手で変えられるという実感を届ける

2「私」と社会のつながり
自分に根ざす取り組みが、社会に根を張る変容を起こす

3 Place-Based な視点
土地・歴史に根ざしたまなざしをわすれない

4 ポジティブなレガシー
世代を超えてつないでいきたい「変化のプロセス」を残す

5 インパクトの可視化
唯一無二の取り組みに眠る「普遍的な価値」をすくい上げる